THE JOY

OF

과학의 기쁨

SCIENCE

THE JOY

OF

과학의 기쁨

SCIENCE

세상을 구할
과학자의
8가지 생각법

짐 알칼릴리 지음 | 김성훈 옮김

윌북

추천의 글

기쁨이라는 감정이 폭풍처럼 휘몰아치기까지 우리의 뇌는 다양한 신경전달물질을 바탕으로 굉장히 복잡하고 고차원적인 과정을 요구한다. 그래서 무언가로부터 충만한 기쁨을 누린다는 건 이루어지는 행위만으로도 기적에 가까울 만큼 어렵다. 물론 찾아보면 세상엔 기쁨을 줄 수 있는 다양한 요소들이 꽤 존재한다. 하지만 신비한 미스터리와 수수께끼를 해결하고, 특별한 사물과 현상에 대한 비판적인 사고를 가능하게 하며, 이를 통해 우리의 시선과 삶의 모든 방향성이 바뀔 만큼 놀라운 기쁨을 주는 존재는 과학이 유일하다. 노련하고 통찰력 넘치는 저자가 전하는 과학의 경이로움과 온전한 기쁨을 마음껏 누려 보자.

궤도 | 과학 커뮤니케이터이자
『과학이 필요한 시간』, 『궤도의 과학 허세』 저자

짐 알칼릴리가 과학의 본질을 뽑아냈다. 이 책은 기쁨, 영감, 진실한 지혜로 가득하다.

앨리스 로버츠Alice Roberts | 버밍엄대학교 공공참여과학 교수

짐 알칼릴리가 과학을 찬양해야 할 온갖 이유를 아름다운 문장으로 일깨워준다. 이 골치 아픈 탈진실의 시대에 믿을 만한 안내자로서 당신을 이끌어줄 사랑스러운 책이다.

자비네 호젠펠더Sabine Hossenfelder |
물리학자이자 『수학의 함정Lost in Math』 저자

『과학의 기쁨』은 과학의 본질적 속성을 가리는 커튼을 열어젖히고 과학의 작동 방식에 대한 대중의 오해와 혼란을 걷어낸다. 과학자든 아니든, 좀 더 과학적으로 생각하는 데 관심이 있는 모두에게 이 책을 추천한다.

제임스 게이츠S. James Gates Jr. |
『Proving Einstein Right(아인슈타인이 옳음을 증명하기)』 공저자

잘못된 정보와 음모론이 소셜미디어를 가득 채우고 삶을 위험에 빠뜨리는 탈진실 정치의 시대에 짐 알칼릴리의 책은 인내심 있고, 온화하고, 인간적인 자세로 그것을 바로잡아주고 있다.

『과학의 기쁨』은 전문 지식과 비판적 판단에 대한 존중과 공감으로써 우리가 삶에서 경험하는 것들에 대해 보다 이성적이고 안목 있는 태도로 접근할 것을 요구한다.

필립 볼 Philip Ball |
『**원소**The Elements』**와** 『**Curiosity**(호기심)』**저자**

짐 알칼릴리가 과학계의 중요한 해설자로 인정받는 것은 너무도 당연한 일이다. 이 책에서 그는 우리 과학 지식의 본질과 한계를 농축해서 보여주고, 과학적인 마음가짐이 어떻게 일상생활에 도움이 되는지 알려준다. 과학의 승리에도 불구하고 공적 담론이 가짜뉴스와 음모론에 의해 그 어느 때보다 상처받는 이 시대에 그의 현명한 교훈들이 특히나 반갑다. 그의 메시지를 마음으로 받아들인다면 우리는 더 훌륭한 시민이 될 수 있을 것이다. 이 책은 널리 읽힐 가치가 충분하다.

마틴 리스 Martin Rees |
『**과학이 우리를 구원한다면**If Science is to Save Us』**과** 『**온 더 퓨처**On the Future』**저자**

과학은 세상에 대해 생각하고 세상을 이해하는 방법이다. 이 매혹적인 책 속에서 짐 알칼릴리는 우리 모두가 좀 더 과학적으로 생각해야 한다고 주장한다. 그는 과학적 개념과 아이디어

의 복잡성에 관한 우아한 글을 통해 우리들의 편견을 드러내
세상과 과학의 작동 방식에 관한 잘못된 미신과 오해를 물리친
다. 아주 즐겁게 읽을 수 있는 이 책은 우리 모두의 필독서다.
특히 글로벌 팬데믹과 기후 위기의 해법을 찾는 데 무엇이 과
학이고 무엇이 과학이 아닌지 이해하는 것이 대단히 중요해진
작금의 시점에서는 더욱 그렇다.

사라-제인 블레이크모어Sarah-Jayne Blakemore ㅣ
『나를 발견하는 뇌과학Inventing Ourselves』 저자

대단히 아름답고, 직관적이고, 읽기 편한 책이다. 작은 책인데
도 우리가 과학을 하는 이유와 방법에 대해 아주 많은 내용을
담고 있다. 미친 듯이 돌아가는 이 세상에서 과학을 따른다는
것의 의미와 가치를 이해하고 싶은 모두에게 추천한다.

대니얼 올트만Daniel M. Altmann ㅣ 임페리얼칼리지런던 면역학 교수

이 간결하고 통찰력 넘치는 책은 독자들에게 엄청난 재미를 주
는 동시에 시기적절한 개념들을 대단히 쉬운 방식으로 알려
준다.

손 캐럴Sean Carroll ㅣ 『다세계Something Deeply Hidden』 저자

짐 알칼릴리가 최근에 내놓은 이 걸작은 우리와 과학의 관계가 얼마나 심오하고 긴밀하고 독특한 것인지를 아름답게 전달한다. 『과학의 기쁨』은 우리 모두의 내면에 깊이 뿌리내린 과학적 사고를 일깨워 과학적 방법론이 진정 무엇인지 보여줄 뿐만 아니라, 그것을 직접 시도함으로써 어떻게 깨달음을 얻을 수 있는지도 보여준다.

클라우디아 드 람 Claudia de Rham | **임페리얼칼리지런던 이론물리학 교수**

짐 알칼릴리가 시기적절하게 내놓은 이 영감을 주는 책은 과학의 '기쁨'을 직접 느끼는 경험을 하게 해준다.

헬렌 피어슨 Helen Pearson | 《**네이처**Nature》 **수석 편집자**

THE JOY OF SCIENCE

차례

일러두기

- 저자의 주는 ◆로, 옮긴이의 주는 ●로 구분하였습니다.
- 국내에 출간된 책은 『번역서명원서명』으로, 미출간된 책은 『원서명(번역)』으로 표기하였습니다.
- 물리학용어는 한국물리학회 홈페이지의 물리학용어집을 참고하였습니다.

서문

어린 학생이었던 1980년대 중반에 저는 영국의 물리학자 유안 스콰이어스Euan Squires가 쓴 『To Acknowledge the Wonder(경이로움에 감사하기)』라는 책을 읽었습니다. 그 책은 기초물리학의 최신 개념들에 관한 것이었고, 거의 40년이나 지난 지금도 제 책장 어딘가에 꽂혀 있습니다. 이제 그 책에 담긴 내용 중에는 한물간 것도 많지만, 저는 그 책의 제목이 항상 마음에 들었습니다. 물리학을 전공할까 생각하고 있던 당시 저는 물리세계의 '경이로움에 감사할' 기회를 얻었고, 그 덕에 제 삶을 과학에 헌신하기로 마음먹을 수 있었습니다.

　사람들이 이런 주제에 대한 관심을 추구하는 데는 많은 이유가 존재합니다. 과학에서 어떤 사람은 화산 분화구에 오르거나 절벽 가장자리에 쪼그리고 앉아서 새 둥지를 관찰하는 데서 짜릿함을 느끼기도 하고, 어떤 사람은 망원경이나 현미경을 가지고 우리 감각이 미치지 못하는 세계를 들여다보는 흥분을 즐기기도 합니다. 어떤 사람은 항성 내부에 감춰진 비밀을 밝히기 위해 연구실 작업대 위에서 독창적인 실험을 설계하기도 하고, 어떤 사람은 물질의 기본 구성 요소를 밝히기 위해 지하에 거대한 입자가속기를 건설하기도 합니다. 어떤 사람은 인류를 미생물로부터 보호할 약물이나 백신을 개발하기 위해 미생물의 유전학을 연구하기도 하고, 어떤 사람은 수학에 빠져 종이 위에 아름다운 대수방정식을 끝도 없이 휘갈기기도 하고, 어떤 사람은 수천 줄의 프로그램 코드를 만들어 슈퍼컴퓨터로 지구의 날씨, 은하의 진화를 시뮬레이션하거나 우리 몸에서 일어나는 생물학적 과정의 모형을 만들어내기도 합니다. 과학은 참으로 거대한 산업이고 어디를 둘러보아도 영감, 열정, 경이로움이 있습니다.

하지만 '아름다움은 바라보는 사람의 눈 속에 있다'는 옛말은 우리 인생뿐만 아니라 과학에도 적용되는 얘기입니다. 우리가 느끼는 매력이나 아름다움은 대단히 주관적인 속성입니다. 새로운 주제와 새로운 사고방식이 벅찰 수 있다는 것은 과학자들도 어느 누구 못지않게 잘 알고 있습니다. 어떤 주제에 제대로 입문하지 못한 상황에서는 그 주제가 아주 꺼림칙하게 느껴질 수 있습니다. 하지만 저는 이 문제에 대해 이렇게 답하고 싶습니다. 한때는 도무지 이해할 수 없을 것만 같던 아이디어나 개념이라도 노력하면 십중팔구는 더 잘 이해할 수 있다고 말입니다. 그저 눈과 마음을 열고 시간을 내 그 주제에 대해 생각하고 정보를 흡수하면 됩니다. 꼭 전문가의 수준에 도달할 필요도 없습니다. 그저 자기에게 필요한 것을 이해할 수 있을 정도면 충분합니다.

자연에서 흔히 일어나는 간단한 현상을 예로 들어보겠습니다. 무지개입니다.◆ 무지개에 사람이 넋을 잃게 만드는 무언가가 있다는 데는 모두 동의할 것입니다. 만약 제가 무지개가 만들어지는 원리를 과학적으로 설명하면 무지개에서 느껴지는 마법 같은 감동이 줄어들까요? 시인 존 키츠John Keats는 아이작 뉴턴Isaac Newton이 "무지개를 프리즘을 통해 나오는 색으로 환원함으로써 무지개에 담긴 모든 시적 감성을 파괴해버렸다"라고 주장했습니다. 하지만 제가 보기에 과학은 시적 감성을 파괴하기는커녕 오히려 자연의 아름다움에 더욱 공감

◆　유명한 무지개 이야기로 이 책을 시작하고 있는데, 사실 이런 도입은 다른 과학 저술가들이 미리 잘 닦아놓은 길에 은근슬쩍 묻어가는 것입니다. 예를 들면, 칼 세이건Carl Sagan은 『악령이 출몰하는 세상The Demon-Haunted World』에서, 리처드 도킨스Richard Dawkins는 『무지개를 풀며Unweaving the Rainbow』에서 무지개 이야기를 했죠. 이런 책들을 이미 읽어본 독자들이라도 이 예시를 처음 접하는 독자들을 위해 양해해주시기 바랍니다.

하게 해줍니다. 한번 볼까요?

무지개는 두 가지 요소가 결합하여 생깁니다. '햇빛'과 '비'죠. 이 두 가지가 결합해서 물방울을 머금은 하늘에 둥근 색의 띠를 만드는 원리를 설명하는 과학은 무지개의 장관 그 자체 못지않게 아름답습니다. 무지개는 무수히 많은 물방울과 부딪힌 후에 분산된 햇빛이 우리 눈에 도달해서 만들어집니다. 햇빛이 물방울 속으로 들어가면 그것을 구성하는 서로 다른 색들이 조금씩 느려지면서 각각 속도가 달라집니다. 그리고 꺾이고 분리되는 '굴절refraction' 과정이 일어나죠.♦ 이렇게 분리된 색은 물방울의 뒤쪽에서 반사되어 다시 물방울 앞쪽을 각각 서로 다른 지점에서 통과해 빠져나옵니다. 이때 두 번째 굴절이 일어나 무지개의 색깔이 펼쳐지는 것입니다. 우리 앞에 면사포처럼 깔려 있는 물방울에서 나오는 서로 다른 빛깔의 광선과 햇빛 사이의 각도를 측정해보면 보라색의 40도(굴절이 제일 많이 일어나서 무지개에서 제일 안쪽 테두리를 이룹니다)에서 빨간색의 42도(굴절이 제일 적게 일어나서 무지개에서 제일 바깥쪽 테두리를 이

♦   햇빛, 즉 백색광white light은 서로 다른 색들로 구성되어 있고 이 색들은 저마다 파장이 다릅니다. 이 빛은 공기나 물 같은 매질과 만나면 속도가 느려집니다. 하지만 이 각각의 색은 파장에 따라 속도가 느려지는 양이 다릅니다. 그래서 서로 다른 각도로 굴절되는 것이죠.

A

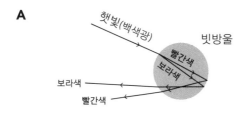

햇빛(백색광)   빗방울

빨간색
보라색

보라색

빨간색

햇빛

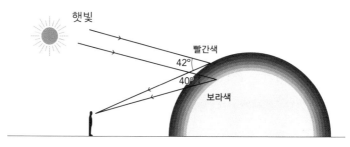

빨간색

42°

40°

보라색

B

햇빛

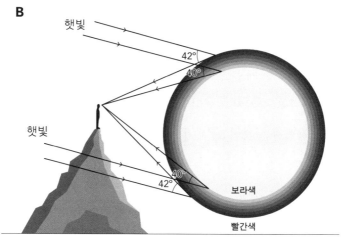

42°

40°

햇빛

40°

42°

보라색

빨간색

[그림] 무지개의 도해

룹니다)까지 나오는 것을 알 수 있습니다.♦

훨씬 경이로운 사실이 있습니다. 이 조각난 햇빛의 원호가 사실은 원의 꼭대기 부분이라는 점이죠. 가상의 원뿔이 누워 있고, 그 원뿔의 꼭짓점이 우리 눈과 같은 위치에 있다고 생각하면 됩니다. 우리는 땅 위에 서 있기 때문에 원뿔의 절반만 볼 수 있는 것이죠. 하지만 하늘 높이 떠 있을 수 있다면 무지개를 완전한 원의 형태로 볼 수 있을 것입니다.

무지개를 손으로 만져볼 수는 없습니다. 실체가 없는 존재니까요. 무지개는 하늘의 특정 위치에 존재하는 것이 아닙니다. 무지개는 자연과 우리의 눈과 뇌 사이에서 일어나는 무형의 상호작용입니다. 사실 우리는 하나의 무지개를 함께 보는 것이 아니라 각자가 저마다의 무지개를 봅니다. 제 눈에 보이는 무지개는 제 눈으로 들어온 빛을 통해서만 만들어집니다. 그래서 우리는 각자 자연이 자신에게만 선사해준 고유의 무지개를 경험하는 것이죠. 제가 보기에는, 이것이야말로 과학적

♦ 여기서 설명하는 유형의 무지개를 '1차 무지개primary rainbow'라고 합니다. 때로는 그 바깥쪽으로 희미한 '2차 무지개secondary rainbow'가 보이기도 합니다. 이것은 햇빛이 각각의 물방울 안에서 한 번이 아니라 두 번 반사되어 일어나는 현상입니다. 이 경우 50도에서 53도 사이로 나오는 색깔의 광선만 보입니다. 이런 2차 무지개에서는 이중 반사 때문에 색의 순서가 뒤집어져 있습니다. 그래서 제일 안쪽에 빨간색, 제일 바깥쪽에 보라색이 있죠.

이해가 우리에게 주는 선물입니다. 세상의 아름다움을 더 풍부하고, 더 심오하고, 더 개별적으로 감상할 수 있게 해주는 것이죠. 과학이 없었다면 결코 누리지 못할 아름다움입니다.

무지개가 그저 예쁜 색깔의 원호만이 아니듯, 과학 역시 객관적 사실과 비판적 사고를 통해 얻는 교훈에 불과한 것이 아닙니다. 과학은 우리가 세상을 더욱 깊게 바라볼 수 있게 하고, 우리를 더 풍요롭게 하고, 깨우침을 줍니다. 부디 이 책이 당신을 빛과 색, 진실과 심오한 아름다움의 세계로 이끌어 주었으면 합니다. 우리가 눈과 마음을 열고 자신이 아는 것을 서로 나누는 한 이 세상은 결코 빛이 바래지 않을 것입니다. 가까이 들여다볼수록 더 많은 것을 보고 더 많은 경이로움을 느낄 수 있습니다. 여러분도 경이로움에 감사하는 마음에 저와 함께 동참할 수 있기를 바랍니다. 그것이야말로 과학의 기쁨이니까요.

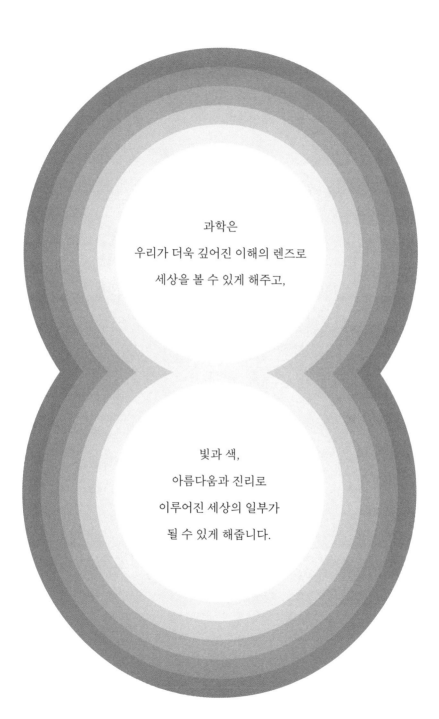

과학은
우리가 더욱 깊어진 이해의 렌즈로
세상을 볼 수 있게 해주고,

빛과 색,
아름다움과 진리로
이루어진 세상의 일부가
될 수 있게 해줍니다.

들어가며

지금 이 글을 쓰고 있는 시점은 2021년 봄이고, 우리 모두가 코로나바이러스 팬데믹의 영향으로 비틀거리고 있는 중입니다. 그 과정에서 세상 사람들이 과학을 바라보는 방식에도 거대한 변화가 일어나고 있는 것이 보입니다. 과학이 우리 사회에서 맡은 역할과 가치, 과학 연구를 수행하고 그 주장을 검증하는 방식, 과학자들이 행동하고 발견과 결과를 소통하는 방식 모두에 변화가 찾아오고 있습니다. 간단히 말하면, 가장 파괴적이고 비극적인 환경에 놓여 있음에도 오늘날의 과학과 과학자들은 전에 없이 주목을 받고 있습니다. SARS-CoV-2*를 이해하고 그것을 물리칠 방법을 찾기 위한 경주를 통해 인류가 과학

● 국제바이러스분류위원회International Committee on Taxonomy of Viruses에서 2020년 2월 공식적으로 명명한 이름으로, 2019년 12월 중국 우한에서 처음 발생한 이후 중국 전역과 전 세계로 확산된 코로나 팬데믹의 원인이 되는 병원체를 일컫습니다.

없이는 생존할 수 없다는 사실이 다시 한번 확인되고 있음은 분명합니다.

과학을 두려워하고 의심하는 사람은 늘 있기 마련이지만 전 세계 사람들 대다수의 마음속에서 과학적 방법론에 대해 새로이 감사하는 마음과 신뢰가 싹트는 것이 보입니다. 인류의 운명이 정치인, 경제인, 종교 지도자의 손이 아니라, 과학을 통해 얻는 세상에 대한 이해에 달려 있음을 더욱 많은 사람이 깨닫고 있기 때문입니다. 마찬가지로 과학자들도 연구에서 나온 결과를 자기 혼자만 알고 있어서는 충분하지 않음을 인정하게 되었습니다. 우리 과학자들은 우리가 어떤 식으로 연구하는지, 우리가 던지는 질문은 무엇인지, 우리가 알아낸 것은 무엇인지 최대한 솔직하고 투명하게 설명하려 노력해야 하고, 또 새로 발견된 지식을 어떻게 사용하는 것이 최선인지 세상에 보여주어야 할 의무가 있습니다. 요즘에는 우리 모두의 목숨이 치명적인 미생물과 싸워 이기기 위해 연구하는 전 세계 수천 명의 바이러스학자, 유전학자, 면역학자, 전염병연구자, 수학적 모형 제작자mathematical modeller, 행동심리학자, 공중보건 과학자에게 달려 있다는 것이 실감 납니다. 하지만 과학의 성공은 정확한 정보를 바탕으로 자기 자신을 위해, 그리고 사랑하는 이와 자신이 몸담고 있는 사회를 위해 올바른 판단을 내리겠다는 대중의 집단적, 개인적 의지에도 달려 있습니다. 그래야만 비로소 과학자들에게서 얻은 지식을 올바르게 사용할 수 있습니다.

과학의 지속적인 성공은 모두 과학자와 비과학자 사이의 개방적인 관계 설정과 협력에 달려 있습니다. 그 성공이 팬데믹, 기후변화, 질병과 가난의 근절같이 인류가 21세기에 직면한 거대한 도전을 해결하는 일이든, 화성탐사선 발사나 인공지능 개발같이 경이로운 기술을 구축하는 일이든, 그저 우주에서 우리가 차지하는 위치와 우리 자신에 대해 이해하는 일이든 말입니다. 이런 일이 가능하려면 정치인들이 현재 지나치게 만연한 고립주의적, 애국주의적 태도에서 한 발 물러나야 합니다. 코로나바이러스는 국경, 문화, 인종, 종교를 따지지 않습니다. 우리가 인류라는 하나의 종으로서 직면하는 커다란 문제 중 그런 경계를 따지는 것은 없습니다. 따라서 과학적 연구와 마찬가지로 그런 문제의 해결도 집단적이고 협력적인 사업으로 이루어져야 합니다.

한편, 지구에 살고 있는 80억 명에 육박하는 거주민들은 스스로 모든 것을 판단하고 행동하며 하루하루 일상을 살아가야 합니다. 그런 도중에 혼란스러운 정보와 잘못된 정보의 짙은 안개 속에서 비틀거리는 경우도 많죠. 그럼 어떻게 하면한 발 뒤로 물러나 세상과 자기 자신을 좀 더 객관적으로 바라볼 수 있을까요? 어떻게 하면 이 복잡성을 헤치고 나가 자신과 서로를 위해 더 나은 일을 할 수 있을까요?

　　사실 이런 복잡성은 새로운 것이 아닙니다. 잘못된 정보와 혼란도 새롭지 않죠. 우리의 지식 사이에 놓인 거대한 간극도 새롭지 않습니다. 우리가 직면한 세상은 우리를 주눅 들게 하고, 혼란스럽게 하고, 심지어 압도해서 뭘 해야 할지 모르게 만들기도 합니다. 물론 이 중에 새로운 것은 하나도 없습니다. 사실 과학의 밑바탕이 되는 기본 전제가, 바로 혼란스럽고 복잡한 우주를 이해하는 데 따르는 어려움에 대처하기 위해 인간이 과학적 방법론을 만들어냈다는 것이니까요. 과학자나 일반인 모두 일상생활 속에서 정보가 넘쳐나는 세상을 접하며 삽니다. 이러한 현실은 우리의 무지를 끊임없이 일깨워주죠. 이에 대해 우리는 무엇을 할 수 있을까요? 사실 애초에 우리가 이에 대해 무언가를 해야 할 이유가 무엇일까요?

　　이 책으로써 저는 좀 더 과학적으로 생각하고 살아가는 데 도움이 될 짧은 다목적 지침서를 마련해보았습니다. 계속 읽어나가기 전에 잠시 시간을 내 스스로에게 이렇게 물어보세요. 나는 있는 그대로의 세상에 대해 알기를 원하는가? 나는 그렇게 얻은 지식을 바탕으로 판단 내리기를 원하는가? 나는 가능성, 잠재력, 더 나아가 설렘 등의 느낌으로 미지에 대한 두려움을 가라앉히기를 원하는가? 이 중 어느 한 질문에라도 "그렇다"라고 대답하고 싶어진다면, 그리고 이런 질문들에 뭐라 대답해야 할지 모르겠다고 하더라도 이런 경우에는 더더욱 이 책이 도움이 될 수 있을 것입니다.

현역 과학자로서 제가 이 책에서 심오한 지혜를 전달한다고 주장할 생각은 없습니다. 그리고 제 말투가 잘난 척하거나 거들먹거리는 듯이 느껴지지 않았으면 합니다. 제 목표는 그저 과학적 사고방식이 어떻게 세상이 당신에게 퍼붓는 복잡하고 모순된 정보에 대한 통제력을 제공해줄 수 있는지 설명하는 것입니다. 이 책에는 윤리학적 교훈도 등장하지 않고, 삶의 기술도 없으며, 더 행복한 기분을 느끼고 자신의 삶을 통제하고 있다고 느끼게 해줄 치료법도 나오지 않습니다. 여기서 제가 전하는 내용은 과학의 본질과 그 실천 방법입니다. 이런 접근 방식은 수없는 시험과 검증이 이루어졌고, 세상을 이해하려는 수 세기에 걸친 탐구에서 인류에게 큰 도움이 되었습니다. 그렇게 큰 도움이 될 수 있었던 이유를 더 깊숙이 들여다보면, 이것이 당신과 저 같은 사람들이 복잡성이나 우리 지식 사이의 간극을 이해하도록 돕고, 미지의 무언가와 마주쳤을 때 더 큰 자신감과 균형적 시각으로 무장할 수 있도록 돕기 위해 구축되었기 때문입니다. 우리가 과학을 하는 방식이 아주 오랫동안 성공적으로 인류에 큰 도움을 주었기 때문에 그 사고방식을 당신과 공유하는 것은 가치 있는 일이라 생각합니다.

우리가 좀 더 과학적으로 생각해야 하는 이유를 주장하기에 앞서 과학자들의 사고방식에 대해 먼저 얘기해야 할 것 같습니다. 과학자들도 다른 사람들과 마찬가지로 현실에 뿌리를 내리고 있는 사람들입니다. 그래서 과학자들이 공유하는 사고방식 중에는 우리가 일상생활에서 미지의 무언가를 접하고 판단을 내릴 때 따를 만한 것이 있습니다. 이 책은 그런 사고방식을 모두와 공유하기 위한 책입니다. 이것은 항상 모두를 위한 방법이었음에도 어디선가 우리는 그 사실을 놓쳐버린 것 같습니다.

우선, 많은 사람의 생각과 달리 과학은 단순히 세상에 대한 사실을 모아놓은 것이 아닙니다. 그런 것은 '지식'이라 부르죠. 과학은 그보다는 생각하는 방식이자 세상을 이해하는 방식입니다. 이것이 다시 새로운 지식으로 이어질 수 있죠. 물론 예술, 시, 문학, 종교 문헌, 철학 토론, 혹은 깊은 생각 등 지식과 통찰을 얻을 수 있는 다양한 경로가 존재합니다. 하지만 세상이 실제로 어떻게 존재하는지 알고 싶다면(저 같은 물리학자들은 때로 이것을 '실재reality의 진정한 본성'이라 부르죠) 과학에는 큰 장점이 있습니다. 바로 '과학적 방법론scientific method'에 의존한다는 것입니다.

과학적 방법론

과학적 방법론에 대해 얘기할 때는 보통 방법론'들'처럼 복수형을 사용하지 않고 단수형을 사용합니다. 이는 과학을 하는 방법이 한 가지밖에 없음을 암시합니다. 사실 이것은 틀린 얘기죠. 우주론학자들은 천체의 관찰 내용을 설명할 색다른 이론들을 개발합니다. 의사들은 신약이나 새 백신의 효능을 검증하기 위해 무작위 대조군 실험randomised control trial을 수행하죠. 화학자들은 시험관 안에서 혼합물을 뒤섞어 어떤 반응이 일어나는지 관찰합니다. 기상학자들은 대기, 바다, 육지, 생물권, 태양의 상호작용과 작동을 흉내 내는 정교한 컴퓨터 모형을 만들어냅니다. 한편, 알베르트 아인슈타인Albert Einstein은 대수방정식을 풀고 수많은 생각을 한 끝에 중력장 안에서 시간과 공간이 휠 수 있음을 알아냈죠. 이 정도로는 수박 겉핥기에 불과하지만 이 모든 것을 관통하는 하나의 공통 주제가 있습니다. 앞에서 언급한 모든 행동은 세상의 어떤 측면(시간과 공간의 본성, 물질의 속성, 인체의 작동 방식 등)에 대한 호기심과 더불어 더 많은 것을 알고 더 깊이 이해하고자 하는 욕망과 관련되어 있다고 할 수 있습니다.

하지만 이건 지나치게 일반적인 얘기 아닐까요? 물론 역사가들도 호기심이 있습니다. 이들도 가설을 검증하기 위해, 혹은 기존에는 알려져 있지 않았던 과거의 사실을 밝히기 위해 증거를 찾아 나섭니다. 그럼 역사도 과학의 한 가지로 봐야 할까요? 지구가 사실은 편평하다고 주장하는 음모론자들은 어떤가요? 그런 사람들도 과학자들만큼이나 호기심이 넘치고, 자신의 주장을 뒷받침할 합리적 증거를 찾고 싶어 하지 않나요? 그럼 그들은 '과학적'이지 못하다고 말할 이유가 무엇인가요? 그 이유는, 과학자나 역사가와 달리 이런 음모론자들은 그 주장을 반박하는 증거가 제시되어도 자신의 이론을 포기할 마음의 준비가 되어 있지 않다는 것입니다. NASA가 우주에서 촬영한 둥근 지구의 사진을 보여주어도 이들은 받아들이지 않죠. 분명 그저 세상에 대한 호기심이 있다고 해서 과학적으로 생각한다고 할 수는 없습니다.

과학적 방법론에는 그것을 다른 이데올로기와 구분해주는 몇 가지 특성이 존재합니다. 예를 들면, 반증가능성falsifiability, 반복성repeatability, 불확실성uncertainty의 중요성, 실수를 인정하는 것의 가치 등이죠. 이 책 전반에서 이 각각의 항목에 대해 생각해보려고 합니다. 하지만 여기서는 과학적 방법론이 꼭 제대로 된 과학이라고는 볼 수는 없는 다른 사고방식들과 공유하는 몇 가지 특성을 가볍게 살펴보죠. 이런 특성 중 어느 하나만으로는 과학적 방법론이 되는 데 필요한 엄격한 요구 조건을 충족할 수 없음을 보여주기 위함입니다.

과학에서는 어떤 주장이나 가설을 뒷받침하는 증거가 압도적으로 많이 존재한다고 해도, 끝없이 검증을 하고 의문을 제기해야 합니다. 과학이론은 반증가능성이 있어야 하기 때문이죠. 즉, 과학이론은 거짓임을 증명하는 것이 반드시 가능해야 합니다.◆ 고전적인 사례를 들어보겠습니다. 제가 '모든 백조는 하얗다'는 과학이론을 제시했다고 해보죠. 이 이론은 반증가능성이 있습니다. 색깔이 다른 백조를 한 마리만 관찰해도 틀렸음을 입증할 수 있기 때문이죠. 제 이론과 모순을 일으키는 증거가 발견되면 그 이론은 반드시 수정, 혹은 폐기되어야 합니다. 음모론conspiracy theory이 진정한 과학이 될 수 없는 이

◆　과학철학에서는 이론이 증거와 모순을 일으키거나 증거를 통해 틀렸음을 입증할 수 있는 경우 반증가능성, 혹은 '논박가능성refutability'이 있다고 합니다. 그 증거는 관찰, 실험실 측정이나 수학, 논리적 추론 등이 될 수 있습니다. 이런 개념은 1930년대에 과학철학자 칼 포퍼Karl Popper가 도입했습니다.

유는 반대되는 증거를 아무리 제시해도 그 옹호자들을 설득할 수 없기 때문입니다. 사실 진짜 음모론자들은 모든 증거가 자신의 기존 관점에 힘을 실어준다고 여깁니다. 그와는 대조적으로 과학자들은 정반대 접근 방식을 취하죠. 우리는 새로운 데이터에 비추어 생각을 고쳐먹습니다. 백조는 무조건 하얀색이라고 주장하는 광신도들 같은 절대적 확실성을 피하도록 훈련을 받았기 때문이죠.

과학이론은 또한 검증이 가능해야 하고, 경험적 증거와 데이터에 비추어 볼 수도 있어야 합니다. 과학이론을 통해 무언가를 예측한 다음, 그 예측이 실험이나 관찰과 맞아떨어지는지 확인할 수 있어야 한다는 의미입니다. 하지만 이번에도 역시 이것만으로는 충분하지 않습니다. 점성술표도 어쨌든 예측은 하니까요. 그럼 점성술도 과학이라 불러야 할까요? 만약 점성술이 내놓은 예측, 즉 점괘가 맞는 것으로 밝혀진다면요? 그럼 점성술도 과학으로 인정해야 할까요?

빛보다 빠른 중성미자neutrino 이야기를 해볼까 합니다. 1905년에 발표된 아인슈타인의 특수상대성이론은 우주의 그 무엇도 빛보다 빨리 이동하지 못한다고 예측했습니다. 물리학자들은 이것이 참이라고 확신해서 무언가가 빛보다 빠른 속도로 움직였다는 측정이 나오면 보통은 오류가 생긴 것이라고 집했죠. 하지만 지금은 유명해진 2011년의 한 실험에서 중성미자라는 아원자입자를 가지고 실험을 했더니 빛보다 빨리 움직였다는 결과가 나왔습니다. 대부분의 물리학자는 이 결과를 믿지 않았죠. 과학자들이 독단적이고 마음이 닫혀 있어서 그런 것일까요? 일반인들 입장에서는 그렇게 생각해도 무리가 아닐 것입니다. 이것을 점성술 점괘와 비교해보죠. 점성술사가 화요일이면 당신의 별들이 정렬되어 좋은 소식을 듣게 될 것이라고 말했고, 아니다 다를까, 당신은 화요일에 상사로부터 승진 대상이라는 통보를 받게 되었습니다. 한쪽에는 실험 데이터와 모순을 일으키는 이론이 있고, 또 다른 한쪽에는 예측이 실제 사건으로 입증된 이론이 있습니다. 그렇다면 어떻게 상대성이론은 올바른 과학이론이고, 점성술은 아니라 말할 수 있을까요?

결국 물리학자들이 상대성이론을 쉽게 포기하지 않았던 것은 옳은 행동으로 밝혀졌습니다. 얼마 지나지 않아 중성미자 실험을 수행했던 연구진이 광학케이블 하나가 시간 측정 장치에 부적절하게 부착되어 있었음을 발견하고 그 부분을 고쳤더니, 중성미자가 광속보다 빨리 움직이는 결과가 나오지 않았기 때문입니다. 사실 이 실험이 옳았고 중성미자가 실제로 빛보다 빨리 움직였다면, 그와 반대되는 결과가 나온 수천 건의 다른 실험이 모두 틀렸어야 합니다. 하지만 이런 놀라운 실험 결과를 합리적으로 설명할 방법이 나왔고, 상대성이론은 자신의 위치를 다시금 확실히 지켰습니다. 그런데 우리가 상대성이론을 믿는 이유는 결국 틀린 것으로 밝혀진 한 실험 결과의 반증에서 살아남았기 때문이 아니라, 다른 수많은 실험 결과가 이 이론이 옳다는 것을 확인해주었기 때문입니다. 바꿔 말하면, 이 이론은 반증가능성과 검증가능성이 있지만 그 반증과 검증에서 굳세게 살아남았고, 우주에 관해 우리가 참이라 알고 있는 수많은 내용과 맞아떨어지기 때문이죠.

반면에 점성술의 예측이 맞아떨어진 것은 순전히 우연입니다. 어떤 물리적 메커니즘으로도 그것을 설명할 수 없기 때문이죠. 그 근거 중 하나는 점성술의 별자리가 발명된 이후 지구 자전축이 변화해서 하늘의 풍경이 바뀌었다는 사실입니다. 그래서 당신이 그 아래서 태어났다고 생각하는 별자리는 실은 당신의 별자리가 아닙니다. 그보다 더 중요한 것은 현대 천문학에 의해 항성과 행성의 본질을 이해하게 되면서, 점성술의 별자리에 의미를 부여한 이론적 기반이 모두 무용지물이 되었다는 사실입니다. 어쨌거나 점성술이 옳아서, 그 빛이 우리에게 도달하는 데만 해도 어마어마한 시간이 걸리고 그 중력효과가 너무 약해서 지구에서는 감지도 되지 않는 저 머나먼 별들이 머리가 터질 정도로 복잡한 인간사에서 일어나는 미래의 일에 영향을 미칠 수 있다면, 모든 물리학과 천문학을 폐기해야 할 것입니다. 그리고 과학이 현재 너무도 잘 설명하는 모든 현상, 또 첨단 기술을 비롯해 현대사회의 밑바탕을 이루는 모든 현상을 새로 설명할 비합리적이고 초자연적인 이론을 만들어야 할 것입니다.

흔히 듣는 과학적 방법론의 또 다른 특성은 과학이 '자기수정적self-correcting'이라는 것입니다. 과학은 하나의 과정, 즉 세상에 접근해서 그것을 바라보는 방식에 불과합니다. 따라서 이 말을 과학이 인간을 대신해서 스스로를 수정해나간다는 의미로 이해하면 안 됩니다. 이 말의 진짜 의미는 과학자들이 서로를 수정해준다는 것입니다. 과학을 하는 주체는 사람입니다. 사람이 실수를 할 수 있다는 사실을 우리는 너무도 잘 알고 있죠. 특히 앞에서 얘기했듯이 세상이 복잡하고 혼란스러운 곳이라 더욱 그렇습니다. 그래서 우리는 서로의 개념과 이론을 검증하고, 토론하고, 논의하고, 서로의 데이터를 해석하고, 남의 이야기에 귀를 기울이죠. 또 수정도 해보고, 확장도 해보고, 더 나아가 자신의 개념이나 실험 결과에 결함이 있음이 밝혀지면 완전히 포기하기도 합니다. 그 결함을 다른 과학자가 아니라 자신이 직접 찾아내기도 하죠. 우리는 이것을 약점이라 생각하지 않습니다. 오히려 장점이죠. 틀렸음이 입증되어도 상관하지 않기 때문입니다. 우리도 사람인지라 자신의 이론이나 데이터 해석이 옳기를 바랍니다. 하지만 거기에 반하는 강력한 증거가 나오면 더 이상 매달리지 않습니다. 틀리면 틀린 것이고 그것을 숨길 수도 없으니까요. 숨기려는 시도를 하는 것조차 민망합니다. 우리가 어떤 개념을 발표하기에 앞서 생각할 수 있는 가장 가혹한 비판과 검증을 거치는 이유도 그 때문입니다. 그런 과정을 거쳐 발표할 때조차도 우리는 자신의 연구 과정을 모두 공개하고 불확실성을 정량화합니다. 사방팔방 뒤져보았지만 검은 백조를 못 보았다고 해서, 어딘가에 우리가 발견하지 못한 검은 백조가 존재하지 않는다고 장담할 수는 없으니까요.

무언가를 두고 '제대로 된' 과학인지 아닌지 판단할 때 그 기준으로 삼을 수 있는 목록을 갖고 있다고 주장할 생각은 없습니다. 과학과 과학이 아닌 것을 구분하기 위해 표시하는 체크박스 같은 것도 없습니다. 과학에는 과학적 방법론의 한두 가지 기준에 부합하지 않는 사례들이 도처에 깔려 있으니까요. 제 전공 분야인 물리학에서도 몇 가지 사례가 바로 떠오릅니다. 초끈이론superstring theory은 과연 제대로 된 과학이 맞을까요? 이 이론은 세상 모든 물질이 고차원에서 진동하는 작은 끈으로 이루어져 있다는 수학적 개념입니다. 우리는 아직 이것을 검증할 방법을 모르고, 따라서 이것이 반증가능하다고 주장할 수도 없습니다. 빅뱅이론Big Bang theory과 우주팽창expansion of the universe은 재현성이 없으니 제대로 된 과학이 아닐까요? 과학과 과학을 하는 방식은 너무도 폭넓은 영역이라 깔끔하게 정리하기가 불가능합니다. 과학을 역사, 예술, 정치, 종교 같은 다른 분야와 완전히 차단된 동떨어진 존재로 생각해서도 안 됩니다. 이 책은 과학을 다른 분야와 확실히 분리하거나 그 차이를 상세히 기술하는 책도 아니고, 과학적 방법론의 결점과 단점을 들춰내는 책도 아닙니다. 그보다는 과학과 과학적 방법론에서 제일 좋은 점이 무엇인지 추출하고, 그 장점을 삶의 다른 영역에 어떻게 올바르게 적용할 수 있을지 탐구하는 것이 이 책의 목적입니다.

물론 현실에서 진행되는 과학 연구를 개선할 방법은 많습니다. 한 예를 들어보죠. 만약 주류과학이 주로 서구의 백인 남성에 의해 수행되고 그 정당성에 대한 판단 역시 서구의 백인 남성에 의해 이루어진다면, 의도적이든 그렇지 않든 그 연구는 어떤 선입견에 오염되거나 더 나아가 좌우되지 않을까요? 당연한 얘기지만 관점의 다양성이 확보되지 않는다면 모든 과학자가 모두 비슷한 방식으로 세상을 보고, 세상에 대해 생각하고, 질문을 던지게 될 것입니다. 그런 과학 공동체는 자신의 주장처럼, 혹은 자신의 바람처럼 객관적일 수 없겠죠. 그 해법은 과학 실천의 폭넓을 다양성을 확보하는 것입니다. 연구자의 성별, 인종, 사회적·문화적 배경을 다양하게 구성하는 것이죠. 과학이 작동하는 이유는 자연에 대한 호기심을 추구하고, 최대한 다양한 관점과 각도에서 서로의 개념을 검증하는 사람들에 의해 실행되기 때문입니다. 과학이 다양한 집단에 소속된 사람들에 의해 이루어지고, 과학적 지식의 특정 역영에 관한 합의consensus가 쌓일 때, 우리는 그 객관성과 진실성을 더욱 확신하게 됩니다. 민주화된 과학은 도그마dogma●의 출현으로부터 우리를 보호해줄 수도 있습니다. 도그마가 출현하면 특정 영역의 과학자 집단 전체가 더 이상의 의문을 제기하지 않고 일련의 가정이나 개념을 절대적인 것으로 받아들이고, 그와 다른 의견은 금지하거나 묵살해버리게 되죠. 도그마와 합의를 혼동하는 경우가 종종 있는데, 이 둘 사이에는 엄연한 차이가 존재합니다. 기존에 확립되어 있는 과학적 개념은 언젠가는 새로 개선되거나 다른 개념으로 대체될 가능성이 있지만, 지금까지 수많은 의문 제기와 검증에서 살아남았기 때문에 널리 받아

● 그리스어 'dokein(생각하다)'에서 유래하여 기독교에서 '교리'를 뜻하는 말로 사용되지만, 비이성적이고 맹목적으로 추종되는 이론이나 절대적 권위를 갖는 학설을 뜻하기도 합니다.

들여지고 신뢰를 받을 권리가 있는 것입니다.

과학 따라가기

사회학자들은 과학의 작동 방식을 진정으로 이해하려면 과학을 더 폭넓은 인간 활동의 맥락 위에 올려놓고 보아야 한다고 주장할 것입니다. 그 맥락이 문화적이든, 역사적이든, 경제적이든, 정치적이든 말이죠. 저 같은 현역 과학자의 관점에서만 '과학을 하는 방식'에 대해 논하면 너무 순진한 얘기만 나올 텐데, 과학은 그보다 더 복잡한 영역이라는 것입니다. 그들은 또한 과학이 가치중립적value neutral인 활동이 아니라고 주장할 것입니다. 과학자들도 다른 사람들처럼 모두 승진, 평판, 오랫동안 연구한 이론을 확립하고 싶은 욕심 등 다양한 동기, 편견, 이데올로기, 기득권과 얽혀 있으니까요. 또 설사 연구자 자신은 편견이나 동기가 없다고 해도 그 연구 자금을 대는 사람들은 그렇지 않을 것이라고 합니다. 하지만 저는 이런 평가는 지나치게 비관적인 것이라 생각합니다. 과학을 수행하는 사람들이나 그들에게 임금을 지급하는 사람들은 거의 불가피하게 가치중립적일 수 없어도, 그들이 얻는 과학적 지식은 가치중립적일 것입니다. 이것은 과학적 방법론의 작동 방식 때문입니다. 과학적 작동 방식은 자기수정적이고, 이미 사실로 확인된 확고한 토대 위에서 구축되고, 정밀조사와 반증 과정을 거치고, 재현성reproducibility이 담보되어야 하는 등의 특징을 가지고 있습니다.

　제 입장에서 이렇게 말하는 것은 당연한 일이겠죠. 결국 저도 당신에게 제가 객관적이고 중립적이라고 설득하고 싶어 합니다. 하지만 제가 아무리 스스로를 객관적이고 가치중립적이라 생각하고 그렇게 되려고 노력한다고 해도 저 역시 완전히 그렇지는 못합니다. 그럼에도 제가 연구하는 분야, 즉 상대성이론, 양자역학, 항성 안에서 일어나는 핵반응 같은 주제는 모두 외부세계에 대한 가치중립적인 기술입니다. 유전학, 천문학, 면역학, 판구조론plate tectonics 등도 마찬가지죠. 우리가 자연에 대해 알아낸 과학적 지식은 그것을 발견한 사람이 다른 언어로 말을 하고 정치적 견해와 종교, 문화가 다르다고 해도 달라지지 않을 것입니다. 당연히 여기에는 이들이 정직하고 진실해서 자신의 과학을 도덕적으로 잘 수행한다는 전제가 필요합니다. 물론 연구의 우선순위는 역사적으로 그 당시에, 혹은 지리적으로 그 지역에서 중요하다고 여겨지는 것이 무엇인지에 따라 달라집니다. 또 중요한 것과 자금을 댈 연구를 결정하는 힘이 누구에게 있느냐에 따라서도 달라집니다. 이런 결정은 문화, 정치, 철학, 경제에 좌우되죠. 예를 들어, 가난한 국가의 물리학과에서는 실험물리학보다는 이론물리학 연구에 자금을 더 많이 지원할 가능성이 높습니다. 레이저 장치나 입자가속기보다는 노트북 컴퓨터와 칠판이 훨씬 싸니까요. 어떤 질문을 추구하고, 어떤 연구에 자금을 투입할 것이냐는 판단은 편견에도 휘둘립니다. 따라서 지도자들과 권력자들 사이에 다양성을 고취할수록 과학계도 더 유망하고 영향력이 큰 연구가 무엇인지 판단할 때 편견으로부터 자신을 더욱 잘 보호할 수 있습니다. 하지만 올바른 과학으로 세상에 대해 궁극적으로 알아낸 지식 그 자체는 수행 당사자가 누구인지에 좌우되어서는 안 됩니다. 엘리트 기관에 소속된 과학자와 그보다 못하다고 여겨지는 기관에 소속된 과학자의 연구 결과가 서로 엇갈릴 수 있습니다. 그렇다고 어느 한쪽이 다른 쪽보다 더 정확하다고 주장할 수 있는 본질적인 권리는 없죠. 증거가 축적되다 보면 과학의 속성상 진리가 자연히 드러나게 될 것입니다.

과학자들의 동기를 의심하는 많은 사람이 하나의 과정으로서의 과학은 결코 가치중립적일 수 없다고 주장합니다. 앞에서 얘기했듯이 어느 선까지는 옳은 이야기입니다. 우리 과학자들이 지식과 진리에 대한 자신의 탐구가 객관적이고 순수하다고 아무리 생각한들, 모든 과학이 가치중립적이라는 이상은 환상에 불과하다는 것을 인정해야 합니다. 그 이유는 이렇습니다. 첫째, 무엇을 연구하고 연구하지 말아야 하는가에 관한 윤리적, 도덕적 원리 등 과학 외적인 가치가 존재합니다. 대중의 관심사 같은 사회적 가치도 존재하죠. 어떤 과학에 자금을 지원할지 판단할 때는 그런 외적 가치가 반드시 영향을 미칩니다. 물론 그런 판단은 편견에 휘둘립니다. 우리는 반드시 이런 편견에 유념하고 휘둘리지 않도록 조심해야 합니다. 둘째, 진실성, 도덕성, 객관성 같은 과학의 내재적 가치가 존재합니다. 이런 것은 연구를 진행하는 과학자가 책임져야 할 부분이죠. 그렇다고 과학자들이 외적 가치를 형성하거나 토론하는 데 참여하면 안 된다는 말은 아닙니다. 그들에게는 자신의 연구가 낳을 결과를 고려해야 할 책임이 있기 때문입니다. 자신의 연구 결과가 어떻게 활용될지, 그것이 정책 결정과 그에 대한 대중의 반응에 어떤 영향을 미칠지도 고려해야 합니다. 슬픈 일이지만 과학이 원칙적으로 가치중립적일 수 있는지를 두고 과학자들 사이에서도 논란이 벌어지는 경우가 너무 많습니다. 천체물리학처럼 세상에 대해 가치중립적인 순수한 지식을 추구하는 분야와 환경과학, 공중보건정책 등 필연적으로 가치 판단적일 수밖에 없는 분야를 혼동하기 때문이죠.◆

하지만 현실세계의 과학이 전적으로 가치중립적이지는 못하더라도 건강한 과학적 과정을 통해 얻은 지식은 가치중립적이라는 데 모두가 동의할 수 있다고 가정해봅시다. 이런 가정 아래, 정당한 것이든 아닌 것이든, 과학에 대해 인식할 때 대중이 종종 경험하는 몇 가지 어려움을 탐험해 보겠습니다.

과학의 발전이 우리의 삶을 헤아릴 수 없을 정도로 쉽고 편하게 만들어주었다는 데는 의문의 여지가 없습니다. 과학을 통해 밝혀진 지식으로 우리는 질병을 치료하고, 스마트폰을 만들고, 태양계 외곽으로 우주 탐사선을 보냈습니다. 하지만 때로는 이런 성공 때문에 사람들이 잘못된 희망이나 비현실적인 기대를 갖는 부작용이 생기기도 합니다. 많은 사람이 과학의 성공에 눈이 멀어 과학이라는 포장지만 쓰고 나오면 그 출처나 위조 여부를 따지지도 않고 기사나 광고를 다 믿어버립니다. 이것이 사람들의 잘못은 아닙니다. 진정한 과학적 증거와 비과학적인 개념을 바탕으로 본질을 호도하는 광고를 구분하기가 쉽지만은 않으니까요.

대부분의 사람은 과학의 과정 자체에 대해서는 관심

◆ 헤더 더글러스Heather Douglas의 책 『Science, Policy, and the Value-Free Ideal(과학, 정치 그리고 가치중립 이상)』(Pittsburgh: University of Pittsburgh Press, 2009)은 이런 주제를 다루는 훌륭한 자료입니다.

이 별로 없고 과학이 무엇을 달성할 수 있는지만 신경 씁니다. 이해할 수 있는 부분이죠. 예를 들어, 과학자가 새로운 백신을 발견했다고 주장하면 대중은 그것이 안전하고 효과적인지 알고 싶어 합니다. 그리고 연구에 관여한 과학자들의 전문성을 신뢰하거나, 아니면 그 과학자들 혹은 그들의 연구비를 대는 사람의 동기를 의심하죠. 그 연구가 명망 있는 연구실에서 수행되었는지, 백신이 엄격하게 무작위 임상 대조군 실험을 거쳤는지, 연구가 권위 있는 학술지를 통해 발표되고 적절한 동료 심사 과정을 거쳤는지 여부를 파고들어 확인할 사람은 같은 분야의 다른 과학자들뿐일 것입니다. 이들은 또한 그 연구에서 주장하는 결과가 재현 가능한지도 알아내려고 하겠죠.

과학자들은 서로 의견이 엇갈릴 수 있고 자신의 연구 결과에 대한 불확실성을 밝히기도 하는데, 이 역시 대중이 무엇을, 혹은 누구를 신뢰해야 할지 결정하는 데 도움이 되지 않습니다. 사실 과학에서 의견이 엇갈리고 불확실성이 존재하는 것은 완전히 정상적이지만, 사람들은 과학자 스스로도 확신하지 못하는 내용을 어떻게 믿을 수 있느냐고 말하죠. 과학에서 불확실성과 논란이 얼마나 중요한지 적절하게 전달하지 못하는 것도 오늘날 우리가 세상에 대한 과학적 이해를 어떻게 발전시키는지 설명할 때 직면하는 큰 문제 중 하나입니다.

조언들이 서로 충돌할 뿐만 아니라 미디어, 정치인, 온라인 게시물 등 과학계 외부의 출처에서 대중에게 도달했을 때, 혹은 소셜미디어social media를 통해 퍼져 대중에게 도달했을 때는 훨씬 더 헷갈릴 수 있습니다. 특히 공중보건과 관련된 주제에 관한 조언일 때는 더 그렇죠. 실제로 진정한 과학적 발견조차도 몇 가지 필터를 거친 후에야 대중에게 전해집니다. 그 필터는 복잡한 과학 논문에서 단순화된 메시지를 추려내야 하는 실험실 담당자나 대학 언론 담당자가 될 수도 있고, 기사 헤드라인을 뽑아야 하는 기자일 수도 있고, 온라인으로 정보를 게시하는 아마추어 과학 애호가일 수도 있습니다. 그 내용은 팬데믹 기간 동안 주의해야 할 사항에서 전자담배의 위험성이나 치실 사용의 이점에 이를 수 있죠. 이런 이야기가 살을 붙이며 퍼져가는 동안, 정확한 정보를 바탕으로 한 것이든 그렇지 못한 것이든 그에 대한 의견도 함께 퍼져나갑니다. 결국 우리는 그 끝에서 믿고 싶은 것만을 믿게 되죠. 신중하게 증거를 기반으로 이성적인 판단을 내리는 대신, 미리 갖고 있던 선입견과 맞아떨어지면 그것을 진실로 받아들이고 듣고 싶지 않은 내용은 무시해버리는 사람이 많습니다.

앞으로 더 나가기 전에 과학자들이 정부에 건네는 조언에 대해서도 몇 마디 해야겠습니다. 이런 조언의 목적은 정책 결정에 필요한 정보를 제공하기 위함이죠. 과학자들은 실험실 연구 결과나 컴퓨터 시뮬레이션 결과, 임상 실험 데이터, 그래프, 표에서 연구 결과로 도출할 수 있는 결론에 이르기까지 자기가 가지고 있는 온갖 증거를 제공할 수 있지만, 결국 그런 과학적 조언으로 무엇을 할 것인지는 정치인들이 결정합니다. 저는 과학자들이 항상 자신의 구체적인 전문 영역을 기반으로 조언을 해야 한다는 점을 분명히 말하고 싶습니다. 전염병연구자, 행동과학자, 경제학자 모두 코로나바이러스와의 싸움에서 대중에게 가장 필요한 것이 무엇인지에 대해 저마다의 의견을 갖고 있을 것이고, 정치인은 서로 충돌하기도 하는 여러 가지 의견에 대한 비용과 편익을 반드시 따져보아야 합니다. 전염병 연구자는 봉쇄령에 들어가는 것을 일주일 연기했을 때 추가적으로 발생하는 사망자 수를 추정하는 한편, 경제학자는 봉쇄령 시행 연기로 GDP의 손실을 방지하는 것이 더 많은 사람을 살리는 길이라는 계산을 내놓을 수도 있습니다. 양쪽 전문가 모두 데이터와 매개변수에서 나온 정확한 모형 예측을 바탕으로 결론을 내렸지만, 서로 아주 다른 결론을 내놓았습니다. 여기서 최고의 조치가 무엇인지 선택하는 것은 정책입안자와 정치인의 역할입니다. 대중에게도 선택권이 있습니다. 그런 결론에 투명하게 접근해서 그 내용을 이해하려고 할수록, 더 많은 정보를 갖고 일상생활과 민주적 과정에서 자신과 사랑하는 이들에게 이로운 선택을 내릴 수 있는 힘도 커질 것입니다.

과학은 정치와 달리 이데올로기나 신념체계가 아닙니다. 이것은 하나의 과정입니다. 그리고 정치인들이 과학적 증거만을 바탕으로 정책적 판단을 내리지 않는다는 것을 우리는 너무도 잘 알고 있죠. 따라서 명확한 과학적 결론이 있다고 해도 인간 행동의 복잡성 때문에 의사결정 자체는 결코 가치중립적이지 못합니다. 이렇게 인정하기가 조금 망설여지기는 합니다만, 의사결정이 가치중립적이어서도 안 되죠.

대부분의 사람과 마찬가지로 정치인들은 거의 항상 자신의 기호나 이데올로기와 맞아떨어지는 과학을 따라갑니다. 자신의 목적에 부합하는 결론만 선별하는 '체리피킹cherry picking'*을 하고 대중의 의견에 휘둘릴 때도 많습니다. 대중의 의견은 미디어나 정부의 공식 가이드라인, 혹은 애초에 과학자들이 사실을 제시하는 방식에서 영향을 받죠. 기본적으로 과학, 사회, 정치 사이의 관계에는 복잡한 피드백 고리가 수반됩니다. 혹시나 제가 정치인들에 대해 지나치게 비판적인 것이

---

* 과수원에서 잘 익고 빛깔이 좋은 체리만 골라 따는 데서 유래한 용어입니다. 마케팅이나 금융 부문에서는 좋은 것만 선택하는 행위를 뜻하지만, 논리학에서는 자신에게 유리한 자료만 선별하는 편향성을 보이는 행동을 뜻합니다.

아니냐고 생각하실까 봐 한마디 하자면, 저는 과학자들은 선출된 직위에 있는 것이 아니기 때문에 어떤 정책을 시행할지 결정하는 문제는 과학자의 임무가 아니라고 생각하는 사람입니다. 우리가 할 수 있는 일은 최대한 명확하게 소통하고, 현시점에서 확보할 수 있는 최선의 과학적 증거를 바탕으로 지침을 제공하는 것이 전부입니다. 어떤 문제에 대해 개인적으로 강한 의견이 있을 수는 있지만, 그것이 우리가 제공할 조언에 영향을 미쳐서는 안 됩니다. 민주주의 사회에서는 특정 정부를 지지하든 그렇지 않든 결국 결정을 내리는 사람은 선출된 정치인들이고, 그 결정에 책임을 져야 할 사람도 과학자들이 아니라 정치인들입니다. 물론 정치인들이 과학적으로 좀 더 훈련되어 있고 대중의 과학 이해도scientific literacy가 높아진다면 사회가 아주 큰 혜택을 받겠죠.

다행히도 이 책은 과학, 정치, 여론 사이의 복잡한 관계에 관한 책이 아니라, 일상생활에서 의사결정을 내리고 의견을 형성할 때 과학적 과정이 갖는 최고의 특성들을 어떻게 응용할 수 있을지 살펴보는 책입니다. 과학적 방법론은 세상에 대한 호기심을 품고, 질문을 던지고, 관찰하고 실험하고 추론하려는 의지의 결합체입니다. 물론 그 의지에는 새로 발견한 내용이 기존 생각과 다를 경우에는 자신의 관점을 수정하고 경험에서 배우겠다는 뜻이 담겨 있죠.

이제부터 우리 모두가 더욱 합리적으로 생각하고 행동할 수 있는 방법에 대한 간단한 지침들을 알아보겠습니다. 각각의 장은 과학적 방법론의 특정 측면에서 추려낸 조언들입니다. 세상에 대해 생각하는 좀 더 과학적인 접근 방식을 공유한다면 우리는 함께 더 나은 세상을 만들 수 있을 것입니다.

1

진실이거나
진실이 아니거나

§

친구, 동료, 가족, 혹은 소셜미디어에서 만난 사람과 토론을 하게 되었을 때, 당신이 분명한 사실이라 생각했던 것에 대해 이런 반응을 듣는 경우가 있었을 것입니다. "글쎄, 그건 네 생각이지." "그건 여러 관점 중 하나에 불과해." 보통은 정중하지만 공격적일 때도 있는 이런 반응은 부지불식간에 퍼지고 있는 '탈진실post-truth' 현상을 보여주는 사례입니다. 참으로 심란한 현상이 아닐 수 없습니다. 옥스퍼드 사전에서는 탈진실을 이렇게 정의하고 있습니다. "객관적인 사실보다는 감정과 개인적 신념에 호소하는 것이 대중의 의견 형성에 더 크게 영향을 미치는 상황." 탈진실 현상이 워낙에 보편화되다 보니 2016년에는 '올해의 단어'에 선정되기도 했죠. 우리가 객관적 진실로부터 너무 멀어져버린 것일까요? 이제는 세상에 대해 입증된 사실조차 마음에 안 들면 편하게 묵살해버릴 수 있는 지경에까지 이른 것일까요?

우리가 문화상대주의cultural relativism의 포스트모더니즘postmodernism 시대에 살고 있음에도 불구하고 인터넷, 특히 소셜미디어가 온갖 문화적, 정치적 사안에서 대중의 의견을 점점 더 양극화하고 있습니다. 그리고 우리는 자신이야말로 진정한 '진리'라고 주장하는 양쪽 진영 중 어느 하나를 선택하도록 강요받습니다. 특정 이데올로기적 신념에 동기를 둔 노골적인 거짓주장이 부정할 수 없는 사실이나 신뢰할 만한 증거가 뒷받침하는 지식을 압도해버리는 것이 바로 탈진실 정치의 현장입니다. 소셜미디어를 보면, 음모론이나 포퓰리즘populism적인 지도자나 선동가의 선언에서 이런 경우를 흔히 목격할 수 있죠. 슬프게도 이런 비합리적인 사고방식이 과학에 대한 시선을 비롯한 많은 사람의 태도를 전반적으로 오염시켜 놓았습니다. 소셜미디어에서 우리는 증거보다는 의견을 더 정당화하는 주장을 자주 봅니다.

과학에서는 서로 다른 모형을 이용해서 자연을 기술합니다. 과학적 지식을 구축하는 방식이 각자 다르고, 어떤 현상이나 과정에서 우리가 이해하고 싶은 측면이 무엇이냐에 따라 서로 다른 서술을 만들어내죠. 하지만 이것이 곧 세상에 대한 대안의 진리가 여러 가지 존재한다는 의미는 아닙니다. 저

같은 물리학자는 세상의 존재 방식에 대한 궁극의 진리를 밝히려 노력합니다. 그런 진리는 사람의 감정이나 편견과 독립적으로 존재하죠. 과학적 지식을 얻기가 쉽지는 않지만, 저기 어딘가에 우리가 찾기 위해 노력할 수 있는 진리가 존재한다는 것을 인정하면 우리의 사명도 그만큼 명확해집니다. 과학적 방법론을 따르고, 자신의 이론을 비판하고 검증하고, 관찰과 실험을 반복하다 보면, 우리는 그 진리에 확실히 더 가까이 다가갈 수 있죠. 하지만 우리의 어지러운 일상세계에서도 과학적 태도를 받아들이면 문제의 진실에 다가갈 수 있습니다. 이런 태도는 우리가 흐릿한 안개를 뚫고 명확하게 바라볼 수 있게 도와주죠. 따라서 우리는 문화상대주의적 진실, 혹은 진실을 가장한 이데올로기를 찾아내고 이성적으로 검토해서 솎아내는 법을 배워야 합니다. '대안적 사실alternative fact'이라는 미명의 거짓을 접한 경우에는, 그것을 옹호하는 자들은 원래의 사실을 대체할 신뢰성 있는 서술을 제시하려는 것이 아니라 그저 자신의 이데올로기에 유리하게 그럴 듯한 의심의 싹을 심으려 할 뿐임을 기억해야 합니다.

일상생활에서도 객관적 진리의 존재를 인정하고 그것을 찾기 위한 단계를 밟아나가는 일이 편의주의, 실용주의, 사리사욕 추구보다 훨씬 더 가치 있는 일로 입증되는 상황이 많습니다. 그럼 우리는 어떻게 이런 진리에 도달할 수 있을까요? 나의 진리도 당신의 진리도 아니고, 보수의 진리도 진보의 진리도 아니며, 서양의 진리도 동양의 진리도 아닌, 아무리 사소한 것일지언정 무언가에 대한 참 진리에 말입니다. 이를 위해 누구에게서 도움을 구할 수 있을까요? 진리의 출처가 정직하고 객관적임을 어떻게 확신할 수 있을까요?

때로는 개인, 집단, 조직이 특정한 관점을 고수하는 이유를 쉽게 이해할 수 있습니다. 그들이 특정한 동기나 기득권을 갖고 있기 때문이죠. 예를 들어, 담배업계의 대표가 흡연이 사실 그렇게 해롭지 않으며 건강에 대한 위협이 과장된 것이라 말한다면 그런 말은 당연히 무시해야 합니다. 그들 입장에서는 그렇게 말할 수밖에 없겠죠. 그렇지 않겠습니까? 하지만 이런 추론을 적용할 필요가 없는 곳에 잘못 적용하는 경우가 너무 많습니다. 예를 들어, 기후학자들이 지구의 기후가 급속도로 변하고 있으니 재앙을 막기 위해서는 우리의 생활 방식을 수정할 필요가 있다고 말하면, 기후변화를 부정하는 사람들은 이렇게 대꾸하죠. "그 사람들이야 당연히 그렇게 말하겠지. 'X'한테서 돈을 받고 일하니까."(여기서 'X'는 환경단체일 수도 있고, 친환경 에너지 회사일 수도 있고, 진보 진영의 학자로 여겨지는 사람일 수도 있습니다.)

이런 회의적 시각을 정당화할 수 있는 사례가 있음을 저도 부정하지는 않습니다. 이데올로기적 동기나 이윤 추구의 동기로 자금을 지원해서 연구가 이루어지는 경우도 충분히 생각해볼 수 있으니까요. 소위 '데이터 준설data dredging'도 반드시 경계해야 할 대상입니다. 'p-해킹p-hacking'이라고도 하는 이것은, 통계적으로 유의미한 듯이 제시할 수 있는 무언가를 찾아내서 자기에게 유리하게 체리피킹한 내용만을 보고할 목적으로 데이터 분석을 남용하는 경우를 말합니다.◆ 이에 대해서는 6장에서 확증편향에 대해 이야기하며 다시 다루도록 하겠습니다. 이런 피할 수 없는 편견도 있지만, 과학의 작동 방식을 잘못 이해하는 바람에 과학을 의심하거나 그 발견 내용을 부정하는 경우도 많습니다.

과학에서는 과학적 방법론을 통한 정밀조사에서 살아남은 설명은 세상에 대한 기정사실로 자리 잡게 됩니다. 그렇게 해서 과학적 지식을 축적하는 일에 일조하죠. 그 사실은 이제 변하지 않게 됩니다. 제가 좋아하는 물리학의 사례를 들어보겠습니다. 갈릴레오 갈릴레이Galileo Galilei는 물체를 떨어트

◆ 이와 같은 사례는 다음의 자료를 참고하세요. M. L. 헤드 외M. L. Head et al. 「The extent and consequences of p-hacking in science(과학에서의 p-해킹 범위와 결과)」, 《PLoS Biology(플로스 바이올로지)》 13, no. 3 (2015).

렸을 때 얼마나 빨리 낙하하는지 계산하는 공식을 만들었습니다. 그의 공식은 그저 하나의 이론에 불과한 것이 아니었죠. 4세기가 넘은 지금까지도 우리는 그 공식을 사용하고 있습니다. 그 이론이 진리임을 알기 때문입니다. 그 이론에 따르면 공을 5미터 높이에서 떨어트리면 바닥에 떨어지는 데 1초가 걸릴 것입니다.♦ 2초도 아니고 0.5초도 아니고 1초입니다. 이것은 절대 불변의 기정사실이고 결코 변할 일이 없습니다.

반면에 개별 인간의 행동에서 나타나는 복잡성(심리학)이나 사람들이 사회 안에서 상호작용하는 방식(사회학)의 문제로 오면, 필연적으로 더 미묘하고 모호한 부분들이 발생합니다. 이는 우리가 세상을 바라보는 방식에 따라 실제로 하나 이상의 '진리'가 존재할 수 있다는 말이 되죠. 공이 바닥에 떨어지는 데 걸리는 시간을 다루는 물리세계에서는 이런 일이 없습니다. 물리학자, 화학자, 생물학자 같은 자연과학자가 무언가를 두고 진리다 아니다 얘기할 때는 복잡한 도덕적 진리moral truth가 아니라 세상에 대한 객관적 진리를 말하는 것입니다.

♦　사실 1초보다 살짝 더 걸립니다(1.01초 정도라 할 수 있겠네요). 그 정확한 값은 지구 표면 어디서 공을 떨어트렸느냐에 따라 달라질 수 있습니다. 낙하하는 물체에 작용하는 중력이 지질, 해발 고도, 적도와의 거리 등에 따라 조금씩 달라지기 때문이죠. 이는 지구가 완벽한 구가 아니기 때문입니다.

제 말의 의미를 이해할 수 있도록 무작위로 선별한 사실의 목록을 제시해 보겠습니다. 이 각각의 사실은 참이거나 거짓이거나 둘 중 하나입니다. 이것은 논란의 대상이 될 수 없고, 개인적 의견, 이데올로기적 신념, 문화적 배경에 좌우될 수 없는 것들입니다. 과학적 방법론을 이용해서 그 각각의 항목을 확인하거나 일축할 수는 있죠. 이 사실들에 대해 우리가 이끌어내는 결론 또한 시간이 지나도 바뀌지 않을 겁니다. 독자에 따라서는 몇 가지를 반박하고 싶어 할 수도 있습니다. 이런 식의 말들을 하면서 말이죠. "하지만 그건 당신 생각일 뿐이잖아요." "무슨 근거로 그렇게 확신하세요? 저는 과학적 방법론에도 항상 의심의 여지가 있다고 생각해요." 하지만 이 목록에 올라와 있는 항목들은 우리가 확실하게 아는 바가 있음을 보여주기 위한 것입니다. 우리가 과학에서 등장하는 새로운 개념과 설명에 항상 마음이 열려 있어야 하고, 한때는 참이라 생각했던 것도 더 깊이 이해하고 나면 참이 아닐 수 있음을 인정해야 함에도 불구하고 말이죠. 실제로 그런 확실한 것들이 존재합니다. 제가 이렇게 자신하는 이유는 만약 다음 목록의 항목 중 어느 하나에 대해서라도 과학이 잘못 알고 있는 것이 존재한다면, 지금까지 쌓아올린 과학적 지식의 탑을 모두 허물고 다시 지어 올려야 할 것이기 때문입니다. 더 나아가, 그 지식을 바탕으로 한 기술들도 애초에 세상에 등장할 수가 없었을 것이기 때문이기도 합니다. 저는 그럴 가능성은 지극히 낮다고 생각하므로, 이 사실들에 대해서 거의 확신하고 있습니다. 어쨌든 목록을 한번 살펴보겠습니다.

1. 인간은 달 위를 걸은 적이 있다. (참)

2. 지구는 편평하다. (거짓)

3. 지구 위의 생명은 자연선택의 과정을 통해 진화했다. (참)

4. 세상은 약 6천 년 전에 창조되었다. (거짓)

5. 지구의 기후는 주로 인간의 활동으로 인하여 급속히 변화하고 있다. (참)

6. 그 무엇도 진공 속을 나아가는 빛보다 더 빠른 속도로 움직일 수는 없다. (참)

7. 사람의 몸에는 얼추 7×10^{27}개 정도의 원자가 들어 있다. (참)

8. 5G 기지국은 바이러스의 전파에 기여한다. (거짓)

이 각각의 사례에서 그 참과 거짓을 입증할 수 있는 증거는 산더미처럼 제시할 수 있습니다. 하지만 그래봤자 지겹기만 하겠죠. 그보다는 이런 사실에 동의하지 않는 사람이 존재하는 이유를 고민해보는 편이 훨씬 흥미로울 것입니다. 저는 이 사람들이 과학적으로 생각하지 않는다고 주장하고 싶습니다. 반증가능성의 개념에 대해 생각해보죠. 과학철학자 칼 포퍼는 한 과학이론이 참임을 입증할 방법은 없다고 말했습니다. 입증하기 위해서는 생각 가능한 모든 방식으로 검증을 해보아야 하는데 그건 불가능하기 때문이죠. 하지만 그 이론이 거짓임을 입증하는 데는 단 하나의 반례면 족합니다. 앞에서 언급했던 하얀 백조의 사례가 여기에 해당합니다. 포퍼는 반증가능성의 개념이 과학적 방법론의 결정적 특성이라 주장했습니다. 하지만 그의 주장에도 약점이 있습니다. 반례 자체가, 이를테면 실험 결과 같은 것이 거짓일 수도 있다는 이야기입니다. 갈색 백조가 등장해서 모든 백조는 하얗다는 주장을 반박했는데, 그 갈색 백조가 진흙을 잔뜩 뒤집어쓰고 있었던 것일 수도 있죠. 앞에서 언급했던 빛보다 빠른 중성미자의 사례가 이런 경우에 해당합니다. 안타깝게도 음모론자들이 자기가 주장하는 이론에 반하는 증거의 정당성을 부정할 때 이런 틈새를 즐겨 공략하죠. 달 착륙이 거짓말이라는 주장을 할 때든, 지구가 편평하다는 주장을 할 때든, MMR 백신*이 아이에게 자폐증을 일으킨다는 주장을 할 때든 말입니다. 이들은 자신의 이론

*   홍역·볼거리·풍진 혼합백신Measles-Mumps-Rubella combined vaccine입니다.

과 어긋나는 증거는 그 자체가 거짓이라 주장할 것입니다. 이 것은 과학적 방법론의 도구 중 하나를 오용하는 전형적인 사례 죠. 자신의 이론이 거짓임을 입증하는 증거는 모두 부정하거나 거부하고, 그렇게 하는 합리적인 과학적 증거를 제시하지도 않으며, 자신의 이론이 거짓임을 입증하는 데 필요한 증거가 무엇인지도 밝히지 않습니다.

이와 반대되는 시나리오는 훨씬 흥미진진합니다. 사실을 통해 진실로 입증된 것이고, 증거가 압도적으로 많은데도 부정하는 경우입니다. 이런 부정은 몇 가지 형태를 띨 수 있습니다. 가장 기본적인 것은 '말 그대로의 부정literal denial'입니다. 그냥 따지고 말고 할 것도 없이 사실을 받아들이거나 믿기를 거부하는 것이죠. 그다음으로는 '해석적 부정interpretive denial'이 있습니다. 이 경우는 사실 자체는 받아들이지만 자신의 개인적 이데올로기, 문화, 정치적 신념, 종교에 맞추어 다르게 해석하죠. 마지막으로 가장 흥미로운 '함축적 부정implicatory denial'이 있습니다. 이 용어들은 사회학자 스탠리 코언Stanley Cohen이 만들었습니다.♦ 이것은 A가 B를 함축하는데, B가 마음에 들지 않으면 A도 함께 부정하는 것을 말합니다. 예를 들어, 진화론은 생명이 아무런 목적 없이 무작위로 진화했음을 암시하고 있습니다. 그런데 이런 무목적성이 자신의 종교적 신념과 어긋날 경우 진화론까지 부정해버리는 것입니다. 기후변화를 막는 행동에 나서려면 자신의 생활 방식을 바꾸어야 하는데, 그럴 준비가 안 되어 있을 수도 있습니다. 그럼 기후가 변하고 있다는 주장을 부정하거나, 자신이 그런 현실을 바꾸는 행동에 나설 수 있다는 사실을 부정하죠. 혹은 코로나바이러스의 전파를 멈추기 위해서는 정부 지침에 따라서 집에서 머물고, 수입이 줄어드는 것을 감수하고, 공공장소에서 마스크를 써야 하는데, 그럼 자신의 기본적 자유가 제한되기 때문에 그런 행동 지침을 나오게 한 과학적 증거 자체를 부정하기도 합니다.

물론 객관적인 과학적 사실과 일상생활에서 접하는 모호하게 얽히고설킨 진실 사이에는 크나큰 차이가 존재합니다. 무언가에 대한 특정 진술이 신념, 감정, 행동, 사회적 상호작용, 의사결정, 혹은 우리가 접하고 논란을 벌이는 온갖 주제와 복잡하게 얽히면 단순한 흑백논리로는 접근할 수 없을 만큼 복잡해지죠. 그렇다고 그 진술이 참이 아니라는 의미는 아닙니다. 그보다는 그 진술이 자체만으로 모든 상황에서 전적으로

◆　이 개념들은 코언의 책 『잔인한 국가 외면하는 대중States of Denial: Knowing About Atrocities and Suffering』(Cambridge, UK: Polity Press, 2000)에 설명되어 있습니다. 이 책에서 그는 불편한 현실을 회피하는 모든 방법에 대해 다룹니다.

타당하지는 않을 수 있다는 의미입니다. 아주 단순한 진술이라도 맥락에 따라 참일 수도 있고 거짓일 수도 있습니다. 한 상황에서는 참인데, 다른 상황에서는 그렇지 않을 수도 있는 것이죠. 경우에 따라서는 과학에서도 이런 일이 생깁니다.

제가 앞서 5미터 높이에서 떨어트린 공이 1초 후에 바닥에 떨어진다는 사실을 진술했을 때, 그것이 참이 되는 데 필요한 맥락을 깜박하고 얘기하지 않았습니다. 그것이 지구에만 적용되는 얘기라는 것이죠. 달에서 공을 5미터 높이에서 떨어트리면 바닥에 떨어지는 데 거의 2.5초 정도가 걸릴 겁니다. 달은 지구보다 작아서 중력도 약하기 때문이죠. 여기서 사용하는 과학 공식은 똑같습니다. 그 공식은 절대적 진리죠. 하지만 답을 얻기 위해 그 공식에 집어넣는 수치가 다릅니다. 때로는 과학적 진리scientific truth도 맥락을 정확하게 짚어줄 필요가 있습니다.◆

단순한 진리도 확장하기에 따라서는 더 많은 정보를

◆　진리의 본질에 대해 더 알아보고 싶은 독자는 과학철학자 피터 립턴Peter Lipton의 글을 읽어보시기 바랍니다. 참고할 만한 그의 글은 다음과 같습니다. 「The truth about science(과학에 대한 진실)」,《Philosophical Transactions of the Royal Society B(왕립학회 철학회보 B)》360, no. 1458 (2005): 1259 - 69. 또는 그의 기고문 「Does the truth matter in science?(과학에서 진실이 중요한가?)」,《Arts and Humanities in Higher Education(고등교육의 예술과 인문학)》4, no. 2 (2005).

담고 더 깊은 이해를 제공할 수 있습니다. 이것이 그 진리를 다른 방향으로 이끌 수도 있죠. 예를 들어, 지구 위에서든 달 위에서든 공이 바닥에 떨어지는 데 걸리는 시간에 관한 과학적 사실은 뉴턴의 중력법칙으로 설명할 수 있습니다. 하지만 이제 우리는 아인슈타인의 상대성이론 덕분에 중력의 본질에 대해 더욱 깊이 이해하게 되었습니다. 공이 바닥에 떨어지는 데 걸리는 시간은 변하지 않을 사실이지만(맥락이 주어졌을 경우), 지금은 그와 관련된 원리를 더욱 잘 이해하고 있죠. 뉴턴은 중력을 공을 땅으로 잡아당기는 보이지 않는 힘으로 그렸지만, 이제 이 그림은 질량이 주변의 시공간을 휘게 만든다는 아인슈타인의 그림으로 대체되었습니다.♦♦ 심지어 이 심오한 그림도 언젠가는 더 근본적인 중력이론으로 대체될 가능성이 있습니다. 하지만 공이 바닥에 떨어지는 데 걸리는 시간에 관한 사실은 변하지 않을 겁니다.

진실 여부가 맥락에 좌우되는 사례를 과학에서 생각해내는 것도 좋지만, 이것이 우리의 일상생활에서는 어떻게 발현되는지도 알아보아야겠죠. 예를 하나 들어보겠습니다. '운동

♦♦　여기서 물리학을 깊게 파고들 생각은 없습니다만, 관심이 있는 독자는 제가 비전문가를 위해 쓴 책이 있으니 참고하시기 바랍니다. 예를 들면 최근에 제가 펴낸 『어떻게 물리학을 사랑하지 않을 수 있을까?』가 있습니다.

을 더 많이 하면 건강에 좋다'는 진술은 반박이 불가능한 것이라 생각할 수 있습니다. 하지만 이미 운동을 지나치게 많이 하고 있는 경우나, 운동으로 오히려 건강이 위험해질 수 있는 병에 걸린 상태라면 이 진술은 참이 아닙니다.

무엇인가가 진실인지 아닌지 판단할 때는 개인적·문화적 편견, 사회 규범, 역사적 맥락까지 함께 고려해야 한다고 주장하는 사람이 있습니다. '사회적 구성주의social constructivism'라는 이론에서는 진리가 사회적 과정을 통해 구성된다고 주장합니다. 사실 모든 지식은 '구성된constructed' 것이라는 말이죠. 이 말의 의미는 무엇이 진실인가에 대한 우리의 지각 또한 주관적이라는 것입니다. 이 개념은 인종, 성적 취향sexuality, 성별의 정의 같은 현실의 과학적 표상 방식에도 영향을 미쳤습니다. 이런 지적이 타당하고 중요할 때도 있습니다. 하지만 이런 주장을 너무 깊이 끌고 들어가면, 결국에는 사회 전체가 동의하기로 결정하면 무엇이든 진리가 될 수 있다는 위험한 생각으로 빠져들 수 있습니다. 유감스럽지만 이것은 말이 안 되는 얘기죠.

분명 대부분 과학자는 세상을 이런 식으로 바라보지 않습니다. 전체적으로 보면 '과학적 실재론scientific realism'이라는 것 덕분에 과학은 계속 진보해왔고, 물리적 우주에 대한 지식은 확대되었습니다. 과학적 실재론은 과학이 우리에게 점점 더 정확한 현실의 지도를 제공해주며, 이 현실은 우리의 주관적 경험과는 독립적으로 존재한다고 말합니다. 바꿔 말하면, 우리가 어떻게 해석하기로 결정하는가와 상관없이 참인 우주에 관한 사실이 존재한다는 얘기입니다. 실재에 대한 해석이 하나가 아니라 그 이상인 경우에, 그것은 우리가 해결할 문제지 우주의 문제가 아니라는 것이죠. 어쩌면 우리는 실재에 대한 올바른 해석을 결코 찾지 못할 수도 있습니다. 어쩌면 우리가 바랄 수 있는 최선은 좋은 과학이론의 기준을 정하고, 그것을 모두 충족하는 설명을 찾는 것인지도 모르죠. 이를테면, 기존에 나와 있는 모든 증거를 설명하면서, 우리가 측정하고 확인해볼 수 있는 새로운 검증 가능한 예측을 내놓는 이론 말입니다. 아니면, 미래 세대가 더 나은 이론이나 해석을 제시할 때까지 기다려야 할지도 모르겠습니다. 아인슈타인의 중력이론이 뉴턴의 이론을 대체한 것처럼 말이죠. 제 말의 요점은 물리적 실재의 일부 측면에 대해 현재 모호하게 이해하는 부분이 있더라도, 실제 세상의 존재 여부 자체가 논쟁거리가 될 수는 없음을 과학자들이 알고 있다는 것입니다.

그렇다면 객관적인 과학적 진리가 존재한다는 개념이 어떻게 자본주의가 좋은지 나쁜지, 혹은 낙태가 옳은지 그른지 판단하거나 논쟁을 할 때 도움이 된다는 것일까요? 언뜻 분명한 도덕적 '진리'로 보이는 내용을 간단히 살펴보고, 합리적인 논거를 이용해서 그 객관성을 검증할 수 있는지 알아보죠.

여기 네 가지 진술이 있습니다.

1. 친절과 연민을 보여주는 것은 좋은 일이다.

2. 살인은 옳지 않다.

3. 인간의 고통은 나쁜 것이다.

4. 이로움을 주기보다 해를 입힐 가능성이 더 높은 행동은 나쁜 행동이다.

얼핏 보아서는 어느 하나 논쟁의 여지가 없어 보입니다. 분명 모두 보편적이고 절대적인 도덕적 진리의 사례들이죠. 하지만 이 각각의 진술은 맥락 속에서 바라보아야 합니다. 첫 번째 진술을 생각해봅시다. 이것은 동의어 반복에 불과하다고 할 수 있습니다. 좋은 것을 좋다고 말하는 셈이니까요. 따라서 어떤 면에서 보면 무의미한 진술입니다. 살인은 옳지 못하다는 두 번째 진술은 어떨까요? 만약 히틀러Adolf Hitler가 유대인 대학살을 자행하기 전에 그를 죽일 기회가 당신에게 찾아왔다면요? 그 한 사람을 죽임으로써 수백만 명의 무고한 죽음을 막을 수 있음을 알고 있다면, 그를 죽이는 것이 옳은 일일까요? 인간의 고통에 관한 세 번째 진술에서, 죄책감이나 누군가를 잃은 슬픔 뒤에 따라오는 고통은 어떨까요? 그것 역시 고통의 일종입니다. 그런 고통도 나쁜 것입니까? 피할 수만 있다면 모든 고통을 피하려 노력해야 할까요? 아니면, 어떤 고통은 삶에 의미를 부여해주는 것이니 그대로 끌어안아야 할까요? 마지막 진술을 봅시다. 누군가에게는 이로움을 안겨주는 행동이나 판단이 다른 누군가에게는 해를 입히는 경우가 종종 있습니다. 그럼 둘 중 어느 것이 더 중요한지 누가 판단할 수 있을까요?

보시다시피 처음에는 당연한 것이라 느껴져도 마음먹고 살펴보면 어렵지 않게 허점을 찾을 수 있는 도덕적 진리가 많습니다(소셜미디어에서 누군가가 완벽히 타당하다고 생각하는 무언가를 말했을 때 이런 경우를 왕왕 볼 수 있죠). 또한 우리가 받아들이고 준수하는 것이 바람직한 도덕적 진리는 공이 땅에 떨어지는 데 1초가 걸리는 사실 같은 과학적 진리와는 다릅니다. 그럼에도 시대와 문화권에 상관없이 인간의 행동에는 보편적인 도덕적 특성과 규범이 존재하며, 모든 인간은 최소한 그것을 따르고 실천하려는 노력이라도 해야 한다는 데 대부분의 사람이 동의합니다. 이를테면, 연민, 친절, 공감 등이 그런 것들이죠. 이런 특징들은 진화적 이점이 있었기 때문에 인간과 고등 포유

류에서 발달했을 것입니다. 지금은 이런 특징들이 생존에 꼭 필요하지는 않을 정도로 사회가 잘 발전해 있지만, 그렇다고 이것들이 덜 바람직해진 것은 결코 아닙니다. 앞서 소개한 네 가지 진술을 해체하기 위해 굳이 반사실적counterfactual 시나리오까지 만들어볼 필요는 없습니다. 그저 적용되지 않을 맥락에 이 진술들을 올려놓고 바라보기만 해도, 이것들이 절대적이지 않다는 것을 보여주기에 충분합니다. 그렇다고 이 말이 이 진술들이 다른 맥락에서도 참이 아니라는 의미는 아니죠. 다만 도덕적 진리는 틀frame을 잘 잡아야 한다는 의미입니다. 공이 5미터를 낙하하는 데 1초가 걸린다는 과학적 사실을 말할 때, 지구에서만 해당되는 얘기라고 구체적으로 적시해서 틀을 잘 잡아야 하는 것처럼 말입니다.

우리가 일상생활에서 해결해야 하는 많은 주제는 복잡하게 뒤얽혀 있습니다. 어떤 주제를 두고 완전히 상반된 두 관점이 각자 근본적인 진리에 기반하고 있을 수도 있습니다. 각각의 관점 모두 자신의 적용 범위 안에서는 정당하기 때문이죠. 장담하건대, 당신이 지금 갖고 있는 의견 중에는 딱 잘라 참이나 거짓이라고 말할 수 없는 것이 많을 겁니다. 그보다 그 것들은 수많은 가정, 잘못된 개념, 편견, 추측, 희망적 사고, 과장과 함께 일말의 진실에 기반을 두고 있겠죠. 하지만 당신이 노력을 기울일 마음의 준비만 되어 있다면 이런 것들을 모두 걸러내고 명확한 사실만을 추려낼 수 있습니다. 진실의 알맹이와 벌거벗은 거짓만 남기는 것이죠. 그러고 나면 어떤 주제에 대해 더 정확한 정보를 바탕으로 자신의 의견을 구성할 수 있습니다. 과학자처럼 생각한다는 것은 주제를 객관적으로 바라보는 법을 배운다는 의미입니다. 각각의 주제를 구성 요소로 분해해서 각도를 달리하면서 보기도 하고, 한 발 뒤로 물러나 더 폭넓은 관점에서 바라보기도 하는 것이죠.

물론 사건을 해결하려 애쓰는 형사부터 정치 스캔들을 취재하는 탐사기자, 질병을 진단하는 의사에 이르기까지 각 계각층에서 많은 사람이 이미 이런 방법을 실천에 옮기고 있습니다. 이 모든 직종에서 문제를 분석하고 숨겨진 진리를 찾아내는 데 과학적 방법론을 적용하고 있죠. 이들은 모두 자신의 직업에서 많은 훈련을 받은 사람들이지만, 어쩌면 우리도 어느 정도는 그와 동일한 기본 철학을 생활에 적용해볼 수 있을지 모릅니다. 그러니 눈으로 보고 귀로 듣는 것들을 무작정 받아들이지 마세요. 꼼꼼하게 그 내용을 분석하고 분해하고, 신뢰할 만할 증거들을 종합적으로 고려하고, 모든 가능한 선택지를 생각해보세요.

인간은 결점, 약점, 편견, 혼란투성이의 존재이지만 그래도 세상에는 엄연한 객관적 사실이 존재합니다. 누가 믿든 안 믿는 상관없이 존재하는 객관적 진리가 있죠. 그렇지 않다는 사람들의 말은 귀담아들을 필요가 없습니다.

2

오컴의 면도날이
무뎌질 때

8

일반적으로 제일 단순한 설명이 올바른 설명이란 말이 있습니다. 어쨌거나 필요 이상으로 무언가를 복잡하게 만들 이유가 뭐가 있겠습니까? 이런 가정을 일상생활에도 그대로 적용하는 경우가 많습니다만, 안타깝게도 일상생활에서 이 말이 항상 통하지는 않습니다. 단순한 설명이 복잡한 설명보다 올바를 가능성이 높다는 이런 개념은 '오컴의 면도날Ockham's razor'● 이라고 합니다. 중세 시대 영국의 수도승 겸 철학자 오컴의 윌리엄William of Ockham의 이름을 따서 명명된 원리죠.

● 가정이 많아질수록 추론의 결과가 참이 될 가능성이 낮아지므로, 어떤 일을 설명하는 이론이 여러 가지라면 그중에서 가정이 많은 쪽을 피해야 한다는 주장입니다. '면도날'은 불필요한 가정을 사유로 제거해 단순성과 논리 절약을 추구하는 것을 표현합니다. 오컴은 윌리엄의 출생지이며, 이 원칙의 이름은 19세기 중반 영국의 수학자이자 이론물리학자인 윌리엄 해밀턴Sir William Hamilton이 지은 것으로 알려져 있습니다.

과학에서 이 원리가 적용된 유명한 사례를 들자면, 고대 그리스인들이 만든 천동설을 폐기한 경우를 들 수 있습니다. 천동설에서는 태양, 달, 행성, 항성이 모두 지구를 중심으로 궤도를 돌고 있고, 지구가 우주의 중심에 있다고 했습니다. 이 모형의 핵심 원리는 모든 천체가 완벽한 동심구concentric sphere 궤도로 우리 주변을 움직이고 있다는 것이었죠. 심미적으로 매력이 있는 생각이었습니다. 이 모형으로 화성 같은 행성에서 관측된 운동을 설명하려고 하니 모형이 점점 더 거추장스럽고 복잡해졌지만(화성은 속도가 느려졌다 빨라졌고, 때로는 왔던 경로를 되돌아가기도 했죠),◆ 그럼에도 이 모형은 2000년 넘게 득세했습니다. 이런 역행 운동을 바로잡으려면 일부 행성이 따르는 작은 원형 경로, 즉 주전원epicycle을 1차 궤도에 추가해주어야 천문학적 관찰과 정확하게 일치시킬 수 있었습니다. 나중에는 다른 천체들의 회전 중심에 있던 지구의 위치를 살짝 옮기는 등 모형에 다른 조건을 추가해주어야 했습니다. 그러다 16세기에 니콜라우스 코페르니쿠스Nicolaus Copernicus가 등장

◆ 지금은 이것이 화성을 지구에서 바라보기 때문에 생긴 결과라는 것을 알고 있습니다. 화성과 지구 모두 서로 다른 거리, 다른 속도로 태양 주변 궤도를 돌고 있죠. 지구가 태양에 더 가깝기 때문에 조금 더 빨리 돌고 있으며, 화성의 1년은 지구 시간으로 687일에 해당합니다.

해서 이 중구난방 땜방식 모형을 치우고 그보다 훨씬 단순하고 우아한 지동설로 대체했습니다. 지동설에서는 지구가 아니라 태양이 우주의 중심이죠. 천동설과 지동설 모두 천체의 운동을 예측한다는 측면에서 보면 제대로 작동했습니다. 하지만 이제 우리는 둘 중 한 가지만 옳다는 것을 알고 있고, 그것은 더 깔끔하고 단순한 코페르니쿠스의 지동설입니다. 지동설은 어설픈 땜질이 필요 없어 보입니다. 흔히 이것이 바로 오컴의 면도날이 작동한 실례에 해당한다고들 합니다.

하지만 이런 설명은 틀렸습니다. 코페르니쿠스가 알려진 우주의 중심에 지구 대신 태양을 갖다놓은 것은 올바른 일이었지만, 그는 여전히 행성의 궤도가 타원이 아니라 우아하고 완벽한 원형이라고 믿었습니다. 지금은 요하네스 케플러 Johannes Kepler와 뉴턴의 연구 덕분에 행성의 궤도가 타원이란 것이 알려져 있죠. 사실 코페르니쿠스는 낡은 천동설 모형의 거추장스러운 땜빵과 부연 설명을 없애지 못했습니다. 그것을 빼면 지동설이 제대로 작동하지 못했기 때문입니다. 지금 우리는 지구가 태양의 주위를 돌고 있으며 그 반대가 아님을 알고 있지만, 그와 아울러 현대천문학 덕분에 태양계의 진정한 동역학 dynamics이 고대 그리스인들이 상상했던 것보다 훨씬 복잡하다는 사실도 알고 있습니다. 오컴의 면도날이 반전된 셈이라고 할까요?

과학의 역사에서 이만큼이나 유명한 사례가 또 있습니다. 찰스 다윈Charles Darwin의 자연선택을 통한 진화론이죠. 다윈의 진화론은 지구 위에 사는 놀랍도록 다양한 생명이 모두 단일 선조로부터 수십억 년에 걸쳐 진화해 나왔다고 설명합니다. 다윈의 이론은 몇 가지 단순한 가정을 기반으로 삼고 있죠. 1) 어느 종이든 한 개체군에 속한 개체 사이에는 다양한 변이가 존재한다. 2) 이런 변이가 세대에서 세대로 전달된다. 3) 각각의 세대마다 살아남을 수 있는 수보다 더 많은 개체가 태어난다. 4) 환경에 적응하는 데 유리한 특성을 가진 개체가 살아남아 번식을 할 가능성이 더 높다. 이것이 전부입니다. 진화론은 참 단순합니다. 하지만 이런 소박한 가정 속에는 머리가 어지러울 정도로 복잡한 진화생물학과 유전학 분야가 통째로 녹아들어 있습니다. 이런 분야는 과학 분야 중에서도 가장 어려운 것으로 손꼽히죠. 어쨌거나 복잡한 지구 위 생명에 오컴의 면도날을 적용하자면, 다윈의 진화론보다는 오늘날 존재하는 모든 생명이 초자연적인 창조자에 의해 만들어졌다는 비과학적인 창조론이 훨씬 단순한 설명입니다.

여기서 우리는 가장 단순한 설명이 꼭 올바른 설명은 아니며, 올바른 설명이 처음에 생각했던 것처럼 단순한 설명이 아닌 경우도 많다는 교훈을 배울 수 있습니다. 오컴의 면도날을 과학에 적용한다고 해서, 그저 더 단순하다거나 가정이 적다는 이유만으로 기존의 이론을 새로운 이론으로 대체해야 하는 것이 아닙니다. 저는 오컴의 면도날을 다르게 해석하고 싶습니다. 더 유용한 이론이 더 나은 이론이라고 말이죠. 그런 이론이 세상을 더 정확하게 예측할 수 있기 때문입니다. 단순성은 우리가 항상 추구해야 하는 것이 아닙니다.

　　일상생활을 봐도 상황이 우리가 바라는 것처럼 단순하지 않은 경우가 많습니다. 아인슈타인의 말을 살짝 바꿔서 표현하면, 최대한 단순하게 만들기 위해 노력해야 하지만 너무 단순해져도 안 됩니다. 그럼에도 단순할수록 좋은 것이라는 개념이 널리 퍼지다 보니 논증이 점점 단순화되는 경향이 보입니다. 특히 윤리적, 정치적 문제와 관련해서 그렇습니다. 그래서 섬세하고 복잡한 측면을 전부 무시하고 모든 것을 최소공통분모로 환원합니다. 그럼 미묘하게 고려해야 할 부분들이 모두 빠져버린 밈meme이나 트위터tweeter의 글만 앙상하게 남죠.

　　얽히고설킨 세상을 이해하려 할 때 복잡한 사안을 모호함이 없는 명확한 관점으로 환원하는 것은 분명 구미가 당기는 접근 방식입니다. 이런 방식을 쓰면 당신이 무시하거나 강조하기로 선택한 측면이 무엇이냐에 따라서 복잡성을 단순화하는 방법이 하나 이상 존재한다는 사실도 잊어버리죠. 이것은 하나의 복잡한 사안으로부터 완전히 엇갈리는 두 개의 관점 혹은 그 이상이 응축되어 나올 수 있다는 의미입니다. 각각의 관점을 옹호하는 사람은 자신의 관점을 반박의 여지가 없는 진리라 여기죠. 대부분의 과학과 마찬가지로 현실도 복잡하게 뒤엉켜 있기 때문에, 무언가에 대해 마음을 정하기 전에 온갖 요인과 변수를 고려해야 합니다. 하지만 안타깝게도 요즘에는 피상적인 현상 너머로 더 깊숙이 들여다보려 노력하는 사람이 없는 것 같습니다. 사람들은 이렇게 말하죠. "단순하게 가야지. 세부사항으로 본질을 흐리지 마." 하지만 사안의 복잡성을 인정하고 그것을 서로 다른 관점에서 조사할 때 그 사안이 얼마나 더 명확하고 간단하게 이해되는지 알면, 정말 놀랍게 느껴질 수 있습니다.

물리학자들은 이런 개념에 익숙합니다. 우리는 이것을 '기준틀 의존적reference frame dependent'이라 말합니다. 움직이는 차에서 차창 밖으로 던진 공은 그것을 관찰하는 사람의 기준틀에 따라 다른 속도로 움직이는 듯 보입니다. 예를 들어, 그 차에 타고 있는 사람과 길옆에서 보고 있는 사람에게 공의 속도는 각각 다르게 보이죠. 공의 절대적 속도란 것은 존재하지 않기 때문에 차 안에 있는 사람과 외부 관찰자가 말하는 공의 속도는 서로 다르지만 모두 옳습니다. 각각의 기준틀 안에서는 옳은 것이죠. 때로는 시점이나 척도에 따라 세상이 달리 보이기도 합니다. 개미가 보고 경험하는 세상은 사람, 독수리, 대왕고래의 세상과 아주 다르겠죠. 그와 마찬가지로 우주에 나가 있는 우주인이 관찰하는 것과 땅 위에 남은 사람이 관찰하는 것도 아주 다릅니다.

이렇듯 자신의 기준틀에 따라 보이는 세상이 달라진다는 사실 때문에 세상의 실제 모습을 알아내기가 더 어려워집니다. 사실 많은 과학자와 철학자가 실재를 있는 그대로 아는 것은 불가능하다고 주장합니다. 맞는 얘기죠. 우리가 말할 수 있는 것은 자신이 인식한 세상의 모습에 불과하기 때문입니다. 우리 정신이 감각으로부터 올라오는 신호를 해석한 대로 말할 수 있을 뿐이죠. 하지만 외부세계는 우리와 독립적으로 존재하고, 우리는 주관적이지 않은 방식으로 세상을 이해하는 방법을 찾으려 늘 최선을 다해야 합니다. 즉, '기준틀 독립적reference frame independent'인 방법을 추구해야 하는 것이죠.

설명, 묘사, 논증을 단순화하는 것이 항상 나쁜 일은 아닙니다. 사실 아주 유용할 수 있죠. 물리적 현상을 진정으로 이해하고 그 본질을 밝히기 위해 과학자는 불필요한 세부사항은 제거하고, 그 뼈대만을 노출시키려 합니다(항상 "최대한 단순하게, 하지만 너무 단순하지는 않게" 말이죠). 예를 들면, 연구실 실험은 한 현상의 중요한 특성을 더 쉽게 연구할 수 있도록 인위적이고 이상적인 환경을 만들어 특별하게 통제된 조건 아래서 수행하는 경우가 많습니다. 안타깝게도 인간의 행동을 연구할 때는 이런 조건을 적용하기가 어렵죠. 실제 세상은 어지럽게 뒤엉켜 있고 너무 복잡해서 단순화하기가 불가능한 경우가 많습니다. 물리학자 사이에서 유명한 농담이 하나 있습니다. 한 낙농업자가 자기가 키우는 젖소의 우유 생산량을 늘릴 방법을 찾기 위해 이론물리학 연구진에게 도움을 구하러 갑니다. 물리학자들은 꼼꼼하게 이 문제를 검토한 후에 마침내 낙농업자에게 해법을 찾았다고 말하죠. 하지만 그 해법은 진공 속에 존재하는 구형의 젖소를 가정했을 때만 효과가 있는 방법이었습니다.◆ 이렇듯 아무것이나 더 단순하게 만들 수 있는 것은 아닙니다.

몇 년 전에 저는 제가 진행하는 BBC 라디오 프로그램 〈더 라이프 사이언티픽The Life Scientific〉에서 피터 힉스Peter

---

◆ 구형의 물체는 젖소처럼 복잡하게 생긴 물체보다 수학적으로 기술하기가 훨씬 쉽습니다. 공기를 모두 빼낸 진공실 안에서 실험을 진행한다는 것은 공기가 연구 결과에 영향을 미칠 가능성이 줄어든다는 의미죠. 특히 실험이 아주 작은 입자와 관련되어서 그 입자가 공기 분자와의 충돌로 교란될 수 있는 경우는 진공을 유지하는 것이 더 중요해집니다.

Higgs와 인터뷰를 진행한 적이 있습니다. 그는 영국의 물리학자로, 유명한 소립자가 그의 이름을 따서 명명되었죠.♦♦ 제가 그에게 힉스 보손에 대해 30초 안으로 설명할 수 있겠느냐고 물어봤습니다. 그는 엄숙한 표정으로 저를 보더니 고개를 가로저었습니다. 솔직히 특별히 미안해하는 표정도 아니었습니다. 그는 자기가 양자장론quantum field theory에서 힉스 메커니즘을 뒷받침하는 물리학을 이해하는 데 수십 년이 걸렸다고 설명하면서, 사람들이 무슨 권리로 그렇게 복잡한 주제를 그렇게 간단하게 한 구절로 축약해주기를 바라는지 모르겠다고 말했습니다. 위대한 리처드 파인만Richard Feynman에게도 이와 비슷한 일화가 있습니다. 그는 60대 중반에 노벨상을 받을 때 한 기자로부터 노벨상 수상 연구가 어떤 내용인지 한 문장으로 설명해줄 수 있느냐는 질문을 받았죠. 이에 대한 파인만의 대답은 전설로 남았습니다. "맙소사! 그렇게 몇 마디로 간단히 설명할 수 있는 내용이면 노벨상을 받을 가치도 없었겠죠!"

자기가 이해하지 못하는 것에 대해 최대한 단순한 설

♦♦ 힉스 보손Higgs boson은 수명이 짧은 소립자로 1960년대에 피터 힉스를 비롯한 몇몇 이론물리학자가 그 존재를 예측했습니다. 그 뒤 2012년에 제네바 유럽원자핵공동연구소CERN, Conseil Européen pour la Recherche Nucléaire의 강입자충돌기Large Hadron Collider에서 실행한 입자 충돌에서 실제로 감지되었습니다.

명을 찾으려 드는 것은 인간의 본성입니다. 그래서 우리는 단순한 설명을 찾아내면 거기에 매달립니다. 완전히 이해하는 데 노력을 들여야 하는 복잡한 설명에 비해 단순한 설명이 심리적으로 더 매력이 있기 때문입니다. 과학자라고 다르지 않습니다. 심지어 가장 뛰어난 과학자들도 마찬가지입니다. 아인슈타인은 1915년에 일반상대성이론을 마무리하고 얼마 지나지 않아 자신의 방정식을 우주 전체의 진화를 기술하는 데 적용합니다. 하지만 그 방정식이 예측한 우주는 그 안에 들어 있는 모든 물질의 상호 중력으로 인해 스스로 무너져 내린다는 것을 알게 되죠. 우주가 붕괴하고 있는 것처럼 보이지 않는다는 사실을 알고 있었기에, 그가 내세울 수 있는 가장 단순한 가정은 우주가 정적이어야 한다는 내용이었습니다. 그래서 자신의 방정식을 수정해서 수학적으로 가능한 가장 쉬운 해결책을 선택합니다. 아인슈타인은 방정식에 '우주상수cosmological constant'라는 수를 보탰습니다. 이 상수는 방정식에서 물질에 의한 누적 중력을 상쇄해서 그의 우주 모형을 안정시켜 주었습니다. 하지만 오래지 않아 다른 과학자들로부터 다른 설명이 제시되었습니다. 다음과 같은 가정에 기반한 설명이었죠. 우주가 정적이지 않다면? 만약 실제로는 우주가 계속 커지고 있고, 중력이 우주를 붕괴시키는 것이 아니라 그저 우주의 팽창 속도를 늦추고 있을 뿐이라면? 이 설명은 1920년대에 천문학자 에드윈 허블 Edwin Hubble에 의해 사실로 확인되었습니다. 그러자 아인슈타인은 자신이 내놓았던 해결책이 더 이상 필요하지 않다는 것을 깨달았죠. 그는 우주상수를 지우며 그것을 '인생 최대의 실수'라 불렀습니다.

하지만 지금에 와서는 과학자들이 아인슈타인의 해결책을 다시 제자리에 복귀시켜 놓았습니다. 1998년에 천문학자들은 우주가 그저 팽창만 하는 것이 아니라 그 팽창 속도 역시 가속하고 있다는 사실을 발견했습니다. 물질의 누적 중력을 무언가가 상쇄해서 우주를 영원히 더 빠른 속도로 팽창하게 만들고 있는 것입니다. 아직은 더 나은 이름이 없어서 그 무언가를 '암흑에너지dark energy'라고 부릅니다. 이것은 새로운 증거의 등장과 새로운 지식의 축적을 통해 과학이 어떻게 성장하는지 보여주는 훌륭한 사례입니다. 사실 아인슈타인은 한 세기 전부터 알려져 있던 원칙을 바탕으로 가장 단순한 해법을 선택한 것입니다. 하지만 그가 그것을 선택한 이유는 틀린 것이었죠. 그는 우주가 팽창하지도 붕괴하지도 않으며 정적이라고 가정했습니다. 요즘에는 우리 우주를 기술하는 데 우주상수가 반드시 필요할지도 모르는 상황이 되었습니다. 하지만 아인슈타인의 생각보다 훨씬 복잡한 이유 때문에 그렇게 되었죠. 이것으로 이야기가 끝나는 것도 아닙니다. 우리는 아직도 암흑에너지의 본질을 이해하지 못하고 있으니까요.

따라서 과학자들은 오컴의 면도날의 유혹을 경계해야 합니다. 가장 단순한 설명이 꼭 올바른 설명은 아닙니다. 이것은 일상생활에 적용해도 좋은 교훈입니다. 우리는 짧고 굵은 한마디나 슬로건이 넘쳐나고 뉴스와 정보에 즉각적으로 접근할 수 있는 시대에 살고 있습니다. 이와 함께 의견들이 더 공격적이고 단호해지는 방향으로 흐르는 추세도 함께 나타나고 있습니다. 사회는 이데올로기적으로 점점 더 양극화되고 있고, 열린 토론과 사려 깊은 분석이 필요한 복잡한 사안들이 흑백논리로 귀결되고 있습니다. 양극단의 의견만 남고 그 중간은 모두 사라져 버렸습니다. 대립하는 진영들은 서로 자기 쪽이 옳다고 강하게 확신하고 있죠. 사실 어떤 사안을 두고 두 진영이 인정하는 것보다 더 복잡한 문제라고 주장하고 나서는 사람은 양쪽 모두로부터 배척당합니다. 사람들은 자기 의견과 100퍼센트 일치하지 않으면 모두 적으로 보죠.

과학적 방법론의 전형적 특성인 정밀조사와 교차검증을 정치적 사안과 사회적 사안에 살짝 적용해보면 어떨까요? 아인슈타인은 우주가 자기 생각처럼 단순하게 작동하지 않는다는 것을 발견하고 자신의 실수를 인정했습니다. 과학저술가

벤 골드에이커Ben Goldacre의 베스트셀러 제목에서도 강조하고 있듯이, 일상생활도 과학처럼 항상 단순하지만은 않습니다.◆ 당신이 어떤 문제에 대해 단순한 해결책을 원한다고 해서 그것이 최고의 해결책이라거나, 그런 해결책이 존재한다는 의미는 아니죠. 단순한 논거가 꼭 복잡한 사안을 이해하는 올바른 방법도 아닙니다.

이런저런 것은 너무 당연하니까 맞는 얘기라거나, 그렇게 되는 것이 도리에 맞는다거나, 그냥 상식이라는 말을 자주 듣습니다. 과학자들은 자연현상에 관한 설명이 직관적이고 너무 당연해 보이는 경우에도 그 설명이 반드시 옳지는 않다는 것을 배워서 알고 있습니다. 아인슈타인의 말을 다시 인용해 보자면, 우리가 상식이라 부르는 것은 우리가 인생 초기에 습득한 누적된 편견에 불과합니다. 무언가를 쉽게 설명할 수 있으니 그 설명이 참이라 생각하는 것은 신뢰하기 힘든 방법입니다. 어떤 사안에 대해 마음을 정하기 전에 아인슈타인이 말한 교훈을 배워두는 것이 좋겠습니다. 심각한 실수를 피하려면 자신이 갖고 있는 가정을 버리고 조금 더 노력을 기울여 깊이 들

◆ 벤 골드에이커, 『I Think You'll Find It's a Bit More Complicated Than That(그보다는 살짝 더 복잡하다는 것을 알게 될 거예요)』(London: 4th Estate, 2015.)

어가보세요. 물론 아인슈타인도 암흑에너지의 존재를 예측하지는 못했습니다. 그것을 예측하기 위해서는 우주의 가장자리 이미지를 촬영할 수 있는 막강한 망원경이 등장할 때까지 기다려야 했죠. 일상생활에서는 암흑에너지를 발견하는 데 필요한 것보다 는 훨씬 적은 노력으로 문제의 진실을 발견할 수 있는 경우가 많습니다. 조금만 더 깊이 파고들 마음의 준비가 되어 있다면 그만큼 보상을 받게 됩니다. 세상을 바라보는 관점도 풍부해지지만 인생관도 더욱 충만해질 테니까요.

3

미스터리는 인정하고
해결해야 할 문제

8

제가 10대 시절 즐겨 보던 텔레비전 프로그램 중 하나는 〈미스터리의 세계Mysterious World〉라는 시리즈였습니다. 이것은 온갖 설명되지 않는 사건, 이상한 현상, 도시 괴담을 살펴보는 내용의 총 13부짜리 영국 방송 프로그램으로, 유명한 공상과학소설가 겸 미래학자 아서 클라크Arthur C. Clarke가 진행했죠. 이 방송은 주제를 세 가지 유형의 미스터리로 나누었습니다.

첫 번째, 우리 선조들은 도저히 이해할 수 없는 당혹스러운 현상이었지만 지금은 현대과학을 통해 얻은 지식 덕분에 잘 이해하고 있는 미스터리입니다. 그런 사례로는 지진, 번개, 팬데믹 같은 자연현상이 있죠.

두 번째, 아직 제대로 된 설명은 없지만 언젠가 합리적인 설명을 찾을 것이라고 자신할 수 있는 현상입니다. 이런 현상이 미스터리인 이유는 단 하나, 아직 이해하지 못했기 때문이죠. 이런 예로는 영국 월트셔 지방의 선사 시대 유적인 스톤헨지Stonehenge 건설의 목적, 은하를 하나로 묶어주는 보이지 않는 존재인 암흑물질dark matter의 본질 등이 있을 겁니다.

세 번째, 우리가 합리적으로 설명할 수도 없고, 물리법칙을 고쳐 쓰지 않고는 어떻게 설명할 수 있을지 상상도 할 수 없는 미스터리입니다. 여기에 해당하는 사례로는 심령현상, 귀신과 유령 이야기, 외계인 납치 사건, 정원 바닥에 사는 요정 이야기 등이 있습니다. 이런 것은 주류과학에서 크게 벗어나 있을 뿐 아니라 현실적 기반도 없습니다.

사람들은 세 번째 범주의 미스터리를 가장 좋아합니다. 이해가 갑니다. 사실 미스터리는 기이할수록 좋죠. 물론 이런 미스터리를 너무 진지하게 받아들이면 곤란합니다. 말이 안 되는 얘기임을 합리적으로 설명할 수 있으니까요. 하지만 그래서는 솔직히 재미가 없습니다. 사실 세 번째 종류의 미스터리는 진정한 미스터리가 아닙니다. 문화권과 시대를 넘나들며 사람들끼리 공유해온 허구의 이야기죠. 그중에는 한때 두 번째 종류의 미스터리로 취급되던 것도 있을 겁니다. 합리적인 설명이 가능하리라는 희망이 있었을 때는 말이죠. 하지만 사실이 아니란 것이 알려지고 난 후에도 이런 미스터리는 신화, 설화, 동화, 할리우드 영화의 소재 등으로 활용되며 계속해서 중요한 미스터리로 남았습니다. 이런 것이 없다면 우리의 삶이 너무 무료해질 테니까요.

이 세 번째 종류의 미스터리가 무해한 믿음의 영역(예를 들면, 귀신, 요정, 천사, 외계인 방문자 등의 존재)에 머물다가 위험한 불합리성으로 넘어오는 순간, 우리의 안녕에 해로운 영향을 미칠 수 있습니다. 예를 들면, 심령 능력이 있다고 주장하는 사람이 순진한 사람들을 대상으로 사기를 치고, 대체요법과 돌팔이 치료를 선전하고 다니는 사람이 기존에 확립되어 있는 의학 치료를 비난하며 자녀들이 필수적으로 맞아야 할 예방접종을 거부하는 경우에 그렇습니다. 이런 지경까지 오면 더 이상 아무것도 안 하고 지켜보고 있을 수만은 없겠죠.

하지만 여기서 제가 초점을 두고 싶은 것은 두 번째 종류의 미스터리입니다. 아직도 해답을 찾고 있는 진짜 미스터리죠. 과학의 핵심에 자리한 가장 놀라운 사실 중 하나는 자연의 법칙이 논리적이고 이해 가능하다는 것입니다. 하지만 꼭 그래왔던 것은 아닙니다. 현대과학이 탄생하기 전에는 우리의 믿음이 신화와 미신(첫 번째 종류의 미스터리)에 지배되었습니다. 세상은 인간이 이해할 수 없는, 오직 신만이 알 수 있는 대상이었죠. 우리는 미스터리를 접하는 것만으로 만족했고, 심지어 무지를 찬양하기까지 했습니다. 하지만 현대과학은 세상에 대해 호기심을 느낌으로써, 또 질문을 던지고 관찰을 함으로써 한때는 미스터리였던 것을 이해하고 합리적으로 설명할 수 있음을 보여주었죠.

어떤 사람은 과학의 냉정한 합리주의 때문에 낭만과 미스터리를 위한 여지가 남지 않는다고 주장합니다. 과학의 급속한 발전에 초조해진 그들은 우리가 아직 이해하지 못하는 것에 대한 답을 찾는 행위가 우리를 경외감과 경이로움으로부터 멀어지게 만든다고 느낍니다. 이런 관점이 생겨난 한 가지 이유가 짐작되기도 합니다. 현대과학이 우주에는 아무런 목적의식도 최종 목표도 없으며, 인간도 무작위 돌연변이와 적자생존의 원리에 따라 자연선택 과정에 의해 진화해나온 것임을 보여주었기 때문이겠죠. 우리의 존재를 이렇게 설명하는 일은 너무 황량하게 느껴지고, 우리 삶에 아무런 의미도 없음을 암시하는 것 같습니다. 사교 모임이나 저녁 파티에서 과학자가 아닌 사람들에게 저의 연구에 대해 설명할 때면, 가끔 마치 월트 휘트먼Walt Whitman의 시 *에 나오는 '박식한 천문학자'가 된 듯한 기분을 느낍니다. ◆ 지루한 논리와 합리주의로 별에 담긴 마법

● 한 강연에서 천문학자가 과학적 증거와 수치를 들어 우주에 대해 설명하지만, 시적 화자는 지루함과 역겨움을 느끼고 강연장을 빠져나와 밤공기를 마시며 하늘의 별을 올려다본다는 내용입니다.

과 낭만을 파괴하며 남의 흥을 깨놓는 사람 말입니다. 하지만 이것은 잘못된 생각입니다. 많은 과학자가 미국의 물리학자 리처드 파인만의 말을 즐겨 인용합니다. 그는 과학을 통해 얻을 수 있는 것의 가치를 제대로 이해하지 못하는 화가 친구를 보고 낙담하며 이렇게 말했죠.

시인들은 과학이 항성의 아름다움을 빼앗아 한낱 기체 원자 덩어리에 불과한 존재로 격하시킨다고 말한다. '한낱' 무엇이라 말할 수 있는 것은 없다. 나도 사막의 밤하늘에 뜬 별들을 보고 감동을 느낀다. 그런데 내가 더 적게 보거나 더 많이 보는가? (…) 그 패턴은 무엇이고, 의미는 무엇이며, 이유는 무엇인가? 별에 대해서 조금 더 안다고 해서 그 미스터리가 줄어들지는 않는다. 진리는 과거의 어느 예술가가 상상했던 것보다도 훨씬 경이롭다. 어째서 오늘날의 시인들은 그런 경이로움에 대해서는 얘기하지 않는가?

자연의 비밀을 풀려면 미술, 음악, 문학에서 필요한 것 못지않은 영감과 창의성이 필요합니다. 어떤 사람은 과학이 건

◆ 월트 휘트먼, 「When I Heard the Learn'd Astronomer(박식한 천문학자의 이야기를 듣고 있노라면)」(1867), https://www.poetryfoundation.org/poems/45479/when-i-heard-the-learnd-astronomer.

조하고 딱딱한 사실들에 불과하다고 생각하지만, 과학이 계속해서 드러내고 있는 실재의 본질에 대한 경외감은 그와는 정반대죠.

2012년에 강입자충돌기에서 그 유명한 힉스입자가 발견되었습니다. 그런데 많은 입자물리학자가 이것이 발견되지 않기를 마음속으로 몰래 바랐었다는 사실을 알면 다들 놀랄 겁니다. 물질의 기본 구성 요소에 대한 최고의 수학이론들이 그 존재를 예측하고 있었고, 인류 역사상 가장 야심찬 과학 시설 중 하나를 건설하느라 수많은 시간과 수십억 달러의 비용이 들었음에도 불구하고 말이죠. 한마디로, 힉스입자가 존재하지 않는다고 밝혀졌다면 훨씬 더 흥미진진한 상황이 전개되었을 것이라는 이야기입니다.

만약 힉스입자가 존재하지 않는다면, 그것은 물질의 근본적 속성에 대한 우리의 이해에 무언가 결함이 있다는 의미가 됩니다. 해결해야 할 흥미로운 미스터리가 새로 등장하는 것이죠. 하지만 힉스입자는 발견되었고, 이 발견으로 우리가 이미 추측하고 있던 내용이 사실로 확인되었습니다. 호기심 많은 과학자의 입장에서는 전혀 뜻하지 않았던 발견을 하는 것에 비해 이미 예상되었던 내용을 확인하는 것은 그다지 가슴 뛰는 일이 아닙니다. 그렇다고 힉스입자가 확인되어 물리학자들이 불행해한다는 인상을 심어주고 싶지는 않습니다. 우리는 그 발견을 진심으로 축하하고 있습니다. 결과가 놀라운 것이든 아니든, 우주에 대해 더 많이 알게 되는 것이 무지의 상태로 남아 있는 것보다 항상 나은 법이니까요.

자기 주변의 세상을 이해하려고 끝없이 노력하는 일이야말로 인간이라는 종의 본질적인 특성입니다. 과학은 이것을 달성할 수단을 제공해주죠. 그 효과가 그저 과학적 미스터리를 푸는 데서 그치지는 않습니다. 인간이라는 종의 생존을 보장해주기도 하죠. 현대과학이 등장하기 전 14세기로 돌아가서, 무시무시한 재앙이었던 흑사병을 생각해봅시다. 흑사병은 그보다 수십 년 앞서 일어났던 대기근Great Famine과 함께 유럽 인구 절반 정도의 목숨을 빼앗았습니다.

흑사병은 인명의 대량 손실 외에 또 다른 거대한 사회적 결과를 낳았습니다. 병자를 치료할 항생제는 고사하고 그 질병(혹은 흑사병을 일으키는 세균인 페스트균Yersinia pestis)을 이해하도록 도와줄 현대과학이 존재하지 않았기에 사람들은 종교적 광신이나 미신에 의지했습니다. 그리고 손이 닳도록 기도를 해봐도 소용이 없자, 이 감염병은 신이 인간의 죄를 벌하기 위해 내린 형벌이 분명하다고 믿게 되었습니다. 많은 사람이 끔찍한 방식으로 신에게 용서를 구하려 했습니다. 예를 들면, 이

단자, 죄인, 외부인(로마니인, 유대인, 로마가톨릭의 탁발 수도사, 여자, 순례자, 나환자, 거지 등)이라 생각되는 사람 등을 희생양 삼아 죽이기도 했죠. 그렇게 사람을 죽여도 문제가 되지 않았습니다. 하지만 기억하세요. 이때는 중세였습니다. 세상에 발생하는 대부분의 일이 마법이나 초자연적인 힘 때문에 생긴다고 여겼을 때죠. 그냥 간단하게 그 사람들이 뭘 몰라서 그랬다고 할 사람도 있을 겁니다.

다시 7세기를 뛰어넘어 현대사회로 돌아와서 인류가 코로나 팬데믹에 어떻게 대처했는지 생각해봅시다. 과학을 통해 우리는 코로나바이러스가 이 대규모 감염병 사태를 일으켰다는 것을 이해할 수 있었습니다. 과학자들은 신속하게 그 바이러스의 유전암호를 세부적인 부분까지 지도로 제작하고 다양한 백신을 개발했습니다. 이 각각의 백신은 저마다의 똑똑한 방법으로 우리 몸의 세포에 바이러스가 공격할 때 우리를 보호해줄 분자무기(항체)를 제조하게 했습니다. 요즘에는 질병이 더 이상 미스터리가 아닙니다. 대부분의 사람은 코로나바이러스의 본질이나 그것이 일으키는 질병 및 전파 방식에 대해 깊이 알지 못합니다. 하지만 이 미스터리를 해결해준 사람들에게 감사한 마음은 갖고 있죠. 아직도 이 지식을 거부하면서, 오히려 자신이야말로 이성적이고 계몽되었다고 주장하는 사람이 여전히 많다는 것은 현대사회의 슬픈 병폐입니다.

세상에 대한 호기심이 중요하며 무지보다 계몽이 가치가 있음을 플라톤Plato의 동굴의 비유allegory of the cave보다 더 명확하게 보여주는 것은 없습니다. 그 이야기는 다음과 같죠. 한 무리의 죄수가 동굴 바닥에 고정된 사슬에 묶여 평생을 살았습니다. 그들은 동굴의 한쪽 벽을 향하고 있어서 고개나 몸을 돌려 다른 방향을 볼 수도 없었습니다. 그들은 모르고 살았지만 그들 뒤로는 타오르는 불꽃이 있고, 사람들이 꾸준히 그 앞을 지나다니고 있었습니다. 그래서 죄수들이 향하고 있는 벽에 그림자가 비쳤죠. 죄수들의 입장에서는 이 그림자가 그들의 세상이고 현실이었습니다. 그들은 뒤에서 그림자를 드리우는 진짜 사람들을 볼 수 없었으니까요. 사람들의 말소리는 죄수들 귀에도 들렸지만, 동굴의 울림 때문에 죄수들은 그 말소리가 그림자 자체에서 나오는 것이라 착각했죠.

어느 날, 죄수 중 한 명이 풀려났습니다. 그가 동굴 밖으로 나온 순간 처음에는 너무도 밝은 햇살에 앞이 보이지 않았습니다. 적응하는 데 시간이 걸렸죠. 결국 그의 눈에 세상이 실제의 모습 그대로 들어오기 시작했습니다. 빛을 반사하는 3차원의 사물로 말입니다. 그는 그림자 자체는 사물이 아니며, 그저 속이 차 있는 사물이 빛을 가로막았을 때 생기는 것임을 알게 됩니다. 이 바깥세상이 자기가 동굴 안에서 경험했던 세상보다 우월하다는 것도 알게 되죠.

기회가 찾아오자 그는 다시 동굴 안으로 돌아가 자신의 경험을 다른 죄수들과 함께 나누었습니다. 동료 죄수들이 진정한 실재를 경험하지 못하고 제한된 실재만을 경험하는 것이 딱했기 때문이죠. 하지만 동료 죄수들은 돌아온 친구가 미쳤다고 생각하고 그의 말을 믿지 않습니다. 사실 어떻게 믿을 수 있겠습니까? 평생 살면서 보았던 것이 그림자밖에 없으니, 그들로서는 다른 형태의 실재를 이해할 수가 없죠. 그러니 그림자가 어디서 기원한 것인지 호기심을 느낄 이유도, 빛과 사물의 상호작용으로 그림자가 형성되는 원리를 궁금해할 이유도 없습니다. 이 죄수들이 알고 있는 실재와 진리가 해방된 죄수의 것만큼 타당하다고 주장할 수 있을까요? 물론 그렇지 않습니다.

플라톤에 따르면 죄수들을 묶고 있는 사슬은 무지를 표상합니다. 죄수들이 자기가 갖고 있는 증거와 경험을 바탕으로 제한된 실재를 액면 그대로 받아들였다고 해서 비난할 수는 없습니다. 하지만 우리는 그보다 더 깊은 진리가 존재한다는 사실도 알고 있죠. 그들은 사슬 때문에 이 진리를 추구할 수 없었던 것입니다.

실제 현실에서 우리를 묶고 있는 사슬은 그렇게 구속력이 크지 않습니다. 우리는 세상에 호기심을 느낄 수도 있고, 질문을 던질 수도 있으니까요. 해방된 죄수와 마찬가지로 우리는 자신이 어떤 실재를 경험하든 간에 그 관점 역시 제한되어 있을지 모른다는 것을 알고 있습니다. 우리는 한 가지 기준틀을 가지고 실재를 바라봅니다. 바꿔 말하면, 해방된 죄수조차 사실은 그저 더 큰 동굴로 빠져나온 것에 불과할 가능성이 있다는 말입니다. 그 동굴 역시 '완벽한' 그림을 보여주지는 못하죠. 그와 마찬가지로 우리는 우리가 실재를 바라보는 관점 역시 제한되어 있을 가능성을 받아들여야 합니다. 아직도 미스터리가 존재하고 있으니까요. 하지만 미스터리를 받아들이는 데서 만족하고 끝내서는 안 됩니다. 그것을 더욱 깊이 이해하기 위한 노력을 멈추지 말아야 하죠.

플라톤의 동굴의 비유는 2000년이나 거슬러 올라가는 이야기지만 현대적 변형도 있습니다. 특히 〈트루먼쇼Trueman Show〉와 〈매트릭스Matrix〉 같은 몇몇 할리우드 영화에 잘 묘사되어 있죠. 이들 영화에서는 실재의 본질에 대한 호기심이 사물을 있는 그대로 보게 되는 깨달음으로 이어집니다. 있는 그대로의 사물이 그 자체로 궁극의 실재이든 아니든 그런 노력은 진실에 한 걸음 더 가까이 다가서는 것이며, 따라서 무지의 상태로 남아 있는 것보다는 훨씬 낫습니다.

제 말의 요점은, 일부 사람이 주장하듯 과학이 미스터리를 무시하지는 않는다는 것입니다. 사실 그 반대죠. 과학은 세상이 미스터리와 수수께끼로 가득함을 인정하고, 그 후에는 그것을 이해하고 해결하려 노력합니다. 설명할 수 없는 현상이 실제로 발생한다는 강력한 과학적 증거가 존재하지만 그것이 기존의 지식과 맞아떨어지지 않으면, 그것이야말로 가장 흥미로운 결과가 됩니다. 새로운 발견과 새로운 지식이 이어질 것이라는 암시니까요. 달리 표현해 보겠습니다. 우리가 조각 맞추기 퍼즐을 하면서 느끼는 즐거움은 조각을 하나하나 이어 맞추는 과정에서 나옵니다. 일단 퍼즐을 다 맞추고 나면 완성된 그림을 감상하면서 짧은 만족감을 느끼지만, 그 만족감이 오래 가지는 않습니다. 사실 조각 맞추기 퍼즐을 좋아하는 사람이라면 벌써 새로운 퍼즐을 시작하고 싶어 안달이 나 있죠. 이것은 일상생활에도 적용되는 이야기입니다. 저 바깥에는 수많은 미스터리가 존재하지만, 미스터리의 진정한 매력은 미스터리를 그냥 미스터리로 남겨두는 데 있지 않고 그것을 풀어내려 노력하는 데 있습니다.

우리 모두는 살아가면서 이해하지 못하는 것을 계속 접하게 됩니다. 새로운 것이나 예상외의 것이 그런 예죠. 이것은 애통해하거나 두려워할 일이 아닙니다. 미지의 대상과 만나는 것은 정상적인 일이니 두려워하며 피할 필요가 없습니다. 과학의 심장은 호기심입니다. 질문을 던지고 알고 싶어 하는 욕망이죠. 우리는 모두 날 때부터 과학자입니다. 어린 시절에 우리는 항상 질문을 던지고 탐험을 하면서 세상을 이해하는 법을 배웁니다. 과학적 사고는 우리 DNA 안에 새겨져 있습니다. 그렇다면 왜 그리도 많은 사람이 어른이 되고 나면 세상에 대한 호기심이 사라지고 이해하지 못하는 것이 있어도 그대로 안주하거나 심지어 그 무지에 만족을 느끼는 것일까요?

꼭 그래야 하는 것은 아닙니다. 우리는 모두 미스터리를 만나면 질문을 던져야 합니다. 무지의 사슬을 끊어내고 주변을 둘러보아야 합니다. 과연 내가 전체적인 그림을 보고 있는지, 어떻게 하면 더 많은 것을 찾을 수 있는지 스스로에게 물어야 합니다.

물론 모든 사람이 자나 깨나 무언가를 이해하고 설명하기 위해 눈을 부릅뜨고 있어야 한다는 말은 아닙니다. 결국 호기심이 더 강한 사람도 있고 덜한 사람도 있습니다. 모든 사람이 똑같은 방식으로 행동하고, 모든 일에 참견을 하면서 돌아다니고, 있지도 않은 가상의 적과 싸우고, 무언가를 실제로 이해하는 사람이 있음에도 자기가 그렇지 못하다고 해서 그것을 부정하고, 이미 있는 것을 또 만드느라 쓸데없이 시간을 낭비한다면, 일상의 삶이 아무래도 좀 어려워질 것입니다. 어쨌든 대부분의 사람은 항상 미스터리를 푸는 데 몰두할 만큼 시간과 자원에 여유가 없죠. 그러고 싶어도 그럴 수가 없습니다. 당신도 이런 부류에 속한다면 이 교훈이 당신에게 대체 무슨 가치가 있을까요? 당신이 설명할 수 없는 일, 혹은 기이한 일과 마주할 기회가 있다면 당연히 미스터리를 그냥 즐기는 편이 더 만족스러울 수도 있습니다. 그런 일들은 마치 어떻게 하는 것인지 알고 나면 하나도 재미가 없는 속임수나 마술과 같으니까요. 이것은 이것대로 좋겠죠. 하지만 일상생활에는 이해할 수 있을 때 비로소 더 큰 기쁨과 만족감을 주는 다른 사례가 아주 많다는 사실을 알아야 합니다. 무지보다는 깨달음이 낫습니다. 만약 당신에게도 사슬을 끊을 기회가 주어진다면, 그 기회를 놓치지 말고 동굴 밖으로 나와 밝은 태양 아래에 서시길 바랍니다.

4

이해가 안 된다고
포기할 필요는 없다

8

사람들이 저마다 몸집과 생김새가 모두 다르듯 우리 뇌 역시 기능하는 방식에 차이가 있습니다. 하지만 이것을 무언가 이해하려는 노력을 포기할 핑계로 삼아서는 안 되겠죠. 작정하고 마음을 먹으면 정말로 이해할 수 없는 것은 거의 없습니다. 배관공이든 음악가든, 역사가든 언어학자든, 수학자든 신경과학자든, 어떤 주제에 대해 심오한 지식을 갖고 있는 사람은 헌신적으로 시간과 노력을 투자해서 그 지식을 얻은 것임을 잊지 말아야 합니다.

물론 어려운 개념을 이해하는 정신적 능력이 모두 동일하다는 의미는 아닙니다. 태어날 때부터 운동을 잘하는 사람이 있고 음악이나 미술을 잘하는 사람이 있듯이, 애초에 수학적인 사고력을 갖고 있거나 논리적 사고방식을 갖고 태어나는 사람이 있습니다. 마찬가지로 기억력이 좋은 사람도 있죠. 당신이 그런 사람이 아니라고 해도 분명 친구나 가족 중에는 그런 사람이 있을 겁니다. 이들은 머릿속에 많은 정보를 담고 있다가 필요할 때 끄집어낼 수 있어서 퀴즈를 정말 잘 풀죠. 이는 저한테는 해당되지 않는 이야기입니다. 그래서 저는 학교에서 화학이나 생물학보다 물리학을 더 좋아했습니다. 물리학은 다른 과목들처럼 암기할 것이 많지 않았으니까요(당시 저는 화학이나 생물학이 암기 과목이라 생각했습니다).

우리 중에는 살다가 어느 시점에 '가면증후군imposter syndrome'을 경험하는 사람이 많습니다. 가면증후군이란 다른 누군가가 자신에게 믿고 맡긴 일을 제대로 할 수 있는 능력이 없다는 느낌, 자신의 능력에 대한 다른 사람의 기대치가 자신의 실제 능력보다 더 높다는 느낌을 말합니다. 이것은 새로운 직업을 시작할 때, 혹은 일을 굉장히 수월하게 해내고 자신보다 아는 것이 훨씬 많아 보이는 사람들로 둘러싸여 있을 때 자주 일어납니다. 우리는 스스로가 자신의 능력에 대해 다른 누구보다 잘 알고 있다고 생각하기 때문에, 이렇게 자기의 능력에 대해 의심과 불안을 느끼는 것을 당연하게 여기죠. 우리는 자신의 능력이 충분하지 못하다고 확신하고, 머지않아 다른 사람들 역시 이 점을 깨닫게 될 것이며, 이런 자신의 비밀을 감춰주던 가면이 벗겨지지 않을까 걱정합니다. 이것은 무언가 새로

운 것에 노출되어 거기에 익숙해지는 데 시간이 필요한 상황에
서 나타나는 완전히 자연스러운 반응입니다.

이런 일이 과학 부문처럼 흔한 곳도 없습니다. 우리 서
리대학교 물리학과 정기 연구 세미나는 박사과정 학생에서 고
참 교수에 이르는 다양한 청중을 대상으로 진행됩니다. 특별
히 자신감이 넘치는 사람이 아니고는 대부분의 학생이 강연자
의 말을 끊고 방금 한 말의 근거가 무엇이냐고 따질 용기를 내
지 못합니다. 이 분야에 대한 자신의 지식이 얼마나 얄팍한지
들킬까 봐 두려운 것이죠. 재미있는 것은 어리석기 그지없어
보일 정도로 기본적인 질문을 던지는 사람이 오히려 고참 교수
인 경우가 많다는 사실입니다. 때로, 처음에는 정말 기본적인
질문으로 보였던 것이 알고 보면 대단히 깊은 통찰로 드러나는
경우가 있기도 하죠. 하지만 그렇지 않을 때가 더 많습니다. 제
가 하고 싶은 말은, 세미나의 주제 분야에 대단히 익숙한 사람
만이 그것을 기본적인 질문으로 인식한다는 것입니다. 교수들
은 자기가 세상 모든 것을 다 알 수 없음을 너무도 잘 알고 있
습니다. 특히 해당 주제가 자신의 전문 영역 밖인 경우에는 더
욱 그렇죠. 그래서 그런 무지를 드러낸다고 부끄러워하지 않습
니다. 교수가 세미나실에 있는 다른 사람들을 대신해서 그런
질문을 던질 때도 있습니다. 물어보고 싶은데 자신이 없어서

못 물어보는 사람이 있을지 모르니까요.

더 넓은 사회로 눈을 돌려보겠습니다. 저 같은 과학자가 과학적 개념을 대중에게 전달하려고 열심히 애쓰는 이유 중 하나는 과학적 소양을 갖춘 대중의 가치를 잘 알고 있기 때문입니다. 전 세계 팬데믹 통제의 문제이든, 기후변화의 문제이든, 환경 보호나 새로운 기술의 채용에 관한 문제이든 간에, 더 폭넓은 대중이 그 밑바탕이 되는 과학을 어느 정도 이해하고 있다면 큰 도움이 됩니다. 대중이 그런 지식을 갖추려면 해당 주제에 대해 조금이라도 배워보려고 노력해야 할 뿐만 아니라 기꺼이 그런 노력을 하려는 태도를 갖추어야 합니다. 우리는 코로나 팬데믹 기간 동안에 이 점을 분명하게 목격했습니다. 그 기간 내내 대중은 사회적 거리두기, 마스크 쓰기, 다양한 방식으로 책임감 있는 행동을 실행하는 데 과학을 신뢰하고 과학적 조언을 따르라는 말을 귀에 못이 박히도록 들었죠.

제가 만나는 수많은 사람은 자기가 익숙하지 않은 복잡한 개념을 마주하면 겁부터 먹습니다. 이를테면 저의 연구 같은 과학적 주제에 대해 얘기를 꺼내려고 하면 그들은 고개를 저으며 저하고 말을 섞으려 하지 않습니다. 그냥 자기가 더 재미를 느끼는 주제로 시선을 돌리고 싶은 것일 수도 있겠죠. 하지만 이런 태도가 과학을 이해하고 과학에 참여할 자신감이 부족함을 보여주는 것이라면, 저는 그 문제를 정면으로 돌파하고 싶습니다. 이런 태도는 해롭고 전염성도 있기 때문입니다. 이런 태도가 그들의 자식에게도 전파되어 과학을 외면하게 만들 수도 있습니다. 그럼 과학적 방법론을 통해 얻을 수 있는 훌륭한 정신적 습관도 함께 외면당하고 말겠죠. 정말 비극이 아닐 수 없습니다.

과학자가 일찍부터 알게 되는 교훈 중 하나는, 누군가 어떤 개념을 이해하지 못한다면 그것은 그 공부에 필요한 만큼의 시간과 노력을 기울일 형편이 못 되었기 때문일 가능성이 제일 높다는 것입니다. 저는 물리학자입니다. 그래서 물질, 공간, 시간, 근본적인 수준에서 우주를 하나로 묶어주는 힘과 에너지에 대해서는 자신 있게 대화를 이끌 수 있습니다. 반면에 심리학, 지질학, 유전학에 대해서는 거의 아는 것이 없습니다. 그런 과학 분야에 대해서는 다른 사람들과 마찬가지로 무지합니다. 하지만 충분한 의지와 시간만 있다면 저도 그 분야의 전문가가 되지 말란 법은 없습니다. 자만심으로 하는 소리가 아닙니다. 여기서 제가 말하는 '충분한 시간'이란 몇 시간이나 며칠이 아니라 몇 년이나 몇십 년의 연구를 말하는 것이니까요. 그런데 이런 시간을 들이지 않아도 저는 이런 분야의 전문가들과 아주 재미있고 유익한 대화를 나눌 수 있습니다. 그들이 너무 기술적인 부분까지 들어가지 않고 제 지식 수준을 고려하면서 대화를 진행해준다면 말입니다. 제가 BBC 라디오 프로그램 〈더 라이프 사이언티픽〉을 지난 십 년간 진행하면서 해온 일이 바로 그것입니다. 이 프로그램에서 저는 다양한 과학 분야에 대해 그 분야를 주도하는 전문가들과 대화를 나눕니다. 그렇다고 제가 그 분야의 전문가가 될 필요는 없습니다. 그냥 과학적 관심과 호기심만 있으면 되죠. 이 두 가지 모두 과학적 훈련이 필요한 것이 아닙니다. 이는 보통 다른 직업 분야에도 해당되는 얘기죠.

모든 사람이 빠짐없이 전염병학이나 바이러스학을 공부해야 팬데믹에서 자신을 보호할 수 있는 것은 아닙니다. 아무도, 심지어 제일 똑똑한 물리학자나 공학자라도 스마트폰에 사용되는 기술을 모두 이해하지는 못합니다. 그럴 필요도 없습니다. 스마트폰의 기능을 빠짐없이 모두 사용할 수 있어야 하는 것도 아니죠. 스마트폰 안에 든 전자 부품의 작동 방식을 깊이 이해해야 애플리케이션 사용법을 알 수 있는 것도 아닙니다. 하지만 인생에는 피상적인 것보다 조금 더 깊은 지식을 갖추고 있는 편이 이로운 상황이 존재합니다. 그러면 중요한 결정을 내리는 데 도움이 되니까요. 예를 들어, 세균 감염과 바이러스 감염의 차이를 이해하고 있으면 항생제로 치료할 수 있는 것은 세균 감염이고, 바이러스 감염을 피하는 데 도움이 되는 것은 백신이라는 사실을 알 수 있습니다.

이 시점에서 과학에서 어렵다는 개념의 사례를 하나쯤 제시해야 할 것 같습니다. 당신이 자신의 능력으로는 도저히 이해할 수 없을 것이라고 여기는 개념 말입니다. 다음에 이어지는 글을 읽는 동안에는 부디 저와 장단을 좀 맞춰주시기 바랍니다. 제 설명을 잘 따라올 수 있다면, 그것은 당신의 능력 덕분이지 제가 설명을 잘해서가 아닙니다. 새롭고 어려운 개념을 이해하는 일에 비해 자신이 이미 잘 알고 있는 내용을 설명하는 일은 훨씬 쉬우니까요.

수수께끼를 하나 생각해봅시다. 당신이 얼굴 앞에 거울을 든 상태에서 빛의 속도로 날 수 있다면, 거울이 반사하는 자신의 얼굴을 볼 수 있을까요? 거울에 비친 얼굴을 보려면 빛이 당신의 얼굴을 떠나 당신 앞에 있는 거울에 도달한 다음, 다시 당신의 눈으로 반사되어 와야 합니다. 물리법칙에서는 세상 그 무엇도 빛보다 빨리 움직일 수 없다고 확신하고 있습니다 (빛보다 빠른 중성미자 이야기가 어떤 악명을 얻고 끝났는지 생각해보세요). 그런데 당신이 빛과 같은 속도로 움직이고 있다면 어떻게 빛이 당신의 얼굴을 떠나 거울에 닿을 수 있을까요? 거울 자체도 이미 빛으로부터 그와 같은 속도로 멀어지고 있는데 말입니다. 이 경우 당신은 마치 뱀파이어처럼 거울에 비친 자신의 모습을 볼 수 없으리라 생각할 것입니다. 하지만 이 생각은 틀린 것입니다. 왜 틀렸을까요? 함께 생각해봅시다.

당신이 기차에 타고 있는데, 다른 승객이 기차가 움직이는 방향으로 당신 자리를 지나쳐 걸어갔다고 상상해 보겠습니다. 당신과 그 승객은 모두 기차 안에 타고 있기 때문에 그는 기차가 정차했을 때와 똑같은 속도로 당신을 지나쳐 갔을 것입니다. 그런데 기차가 정차 없이 한 기차역을 지나는 순간에 플랫폼에 있던 누군가가 그 승객이 기차 안에서 걸어가는 모습을 보았습니다. 그 사람에게는 그가 보행 속도와 기차 운행 속도를 더한 속도로 움직이는 것으로 보입니다. 여기서 질문은 다음과 같습니다. 그 승객의 진짜 속도는 무엇이었을까요? 기차 안에 앉아 있는 당신이 측정한 보행 속도일까요, 아니면 외부의 관찰자가 바라본 대로 보행 속도와 기차 속도를 더한 속도였을까요? 기차역 플랫폼에 서 있던 사람이 측정한 속도가 진짜 속도라고 생각한다면, 기차가 지구 위에서 달리고 있다는 사실을 떠올려야 합니다. 지구는 자전축을 중심으로 회전을 하고 있고, 또 태양 주변 궤도를 따라 공전도 하고 있죠. 우주 공간에 떠 있는 관찰자의 눈에는 기차가 정지해 있고, 그 아래 지구가 움직이고 있는 것으로 보일 수도 있습니다. 승객의 실제

속도가 무엇이냐는 질문에 대한 정답은 기차에 타고 있는 당신이 측정한 속도나, 플랫폼에서 바라본 관찰자가 측정한 속도 모두 저마다의 기준틀 안에서는 옳다는 것입니다. 걷고 있는 승객의 속도와 관련해서는 단 하나의 참값true value이란 것이 존재하지 않습니다. 모든 운동은 상대적입니다. 이것이 상대성이론의 핵심 개념이죠. 이름도 참 적절하게 잘 지었습니다.

이번에는 광속의 본질로 시선을 돌려보겠습니다. 우리는 학교에서 빛이 일종의 파동이라 배웁니다. 파동은 무언가가 있어야 그것을 관통해서 지나갈 수 있습니다. 진동해서 파波를 만들어낼 어떤 것이 필요하죠. 예를 들어, 음파는 공기가 있어야 그것을 관통해서 움직일 수 있습니다. 소리라는 것 자체가 공기 분자의 진동에 불과하니까요. 진공 속에서는 소리가 존재하지 않는 이유도 이 때문입니다. 그럼 빛의 파동도 관통해서 지나갈 무언가가 필요하리라 추측하는 것이 합리적입니다. 그래서 19세기 과학자들은 그 무언가를 알아내려고 했습니다. 그런데 음파와 달리 빛은 머나먼 항성으로부터 진공의 공간을 관통해 우리에게 도달합니다. 따라서 모든 공간을 채우면서 빛의 파동을 실어 나르는 보이지 않는 매질이 분명 존재할 것이라 가정했습니다. 그것을 '에테르aether'라고 불렀죠. 과학자들은 그 존재를 검증하기 위해 한 유명한 실험을 설계했지만 증거를 찾지는 못했습니다.* 이후 아이슈타인은 빛은 관찰자의 속도에 관계없이 항상 동일한 속도로 공간 속을 움직인다는 것을 보여주었습니다. 기차의 사례로 돌아가봅시다. 빛의 속도가 항상 똑같은 값으로 측정된다는 말은, 기차에 탄 당신과 플랫폼에 있는 관찰자가 기차 안에 걷는 승객의 속도를 각각 측정한 값이 똑같이 나온다는 얘기와 같습니다. 어떻게 그것이 가능할까요? 완전히 미친 소리 같지만 빛이 실제로 그렇게 운동한다는 사실이 밝혀졌습니다.

이제 다음 단계로 넘어가 보겠습니다. 각각 우주선에 탄 두 명의 우주인이 텅 빈 공간에서 빠른 속도로 서로에게 접근하고 있다고 해봅시다. 모든 운동은 상대적이기 때문에 두 우주인은 각자가 움직이는 것이 맞는지, 움직이고 있다면 얼마나 빨리 움직이는 것인지 판단할 수 없습니다. 다만 두 우주선이 서로 가까워지고 있다는 것만 알 수 있죠. 한 우주인이 상대방에게 광선을 반짝인 후에 자기에게서 멀어지는 빛의 속도를 측정합니다(이것을 기차의 사례와 비교하면, 광선의 속도는 움직이

● 1887년의 마이컬슨-몰리 실험Michelson-Morley's experiment을 말합니다. 미국의 물리학자 앨버트 마이컬슨Albert A. Michelson과 에드워드 몰리Edward W. Morley는 반투명 거울과 간섭계 등을 이용하여 실험을 했지만, 에테르는 존재하지 않는다는 결론을 얻었습니다.

는 기차 안에서 걷는 승객의 속도에 해당합니다). 이 우주인의 입장에서는 자신은 정지해 있고 상대측 우주선만 움직이고 있다고 주장하는 것이 타당하겠죠. 빛은 시속 10억 킬로미터의 속도로 멀어지는 것으로 보입니다(초속으로는 약 30만 킬로미터로, 우리가 이제는 잘 알고 있는 빛의 속도죠). 이와 동시에 반대쪽 우주인이 자신이 멈춰 있는 것이라고 주장해도 합당합니다(그 사람의 관점에서 보면 움직이고 있는 것은 반대쪽 우주선입니다). 반대쪽 우주인에게도 역시 마찬가지로 빛은 시속 10억 킬로미터의 속도로 다가오는 것으로 보입니다. 그보다 빠르지도 느리지도 않죠. 따라서 양쪽 우주인 모두 빛이 동일한 속도로 움직이고 있다고 측정합니다. 분명 두 우주인이 서로에 대해 상대적으로 움직이고 있음에도 말입니다.

믿지 못할 소리로 들릴 수도 있지만 적어도 앞에서 제기했던 수수께끼에 대한 답은 나옵니다. 얼굴 앞에 거울을 들고 빛의 속도로 날아도, 당신은 거울에 반사되는 자신의 얼굴을 볼 수 있을 겁니다. 당신의 속도에 상관없이 빛은 얼굴에서 시속 10억 킬로미터의 속도로 멀어져 거울에 부딪힌 다음 눈으로 반사되어 올 테니까요. 당신이 움직이지 않을 때와 똑같습니다. 진공 속에서의 빛의 속도는 자연의 기본상수fundamental constant 중 하나입니다. 관찰자가 어떤 속도로 움직이든 간에 빛의 속도는 동일한 값을 가집니다. 이것은 과학에서 가장 심오한 개념 중 하나로, 아인슈타인 같은 천재가 등장하고 나서야 밝혀질 수 있었습니다.

아인슈타인의 논증을 구체적인 부분까지 따라가려면 여기서 필요한 수준 이상으로 설명이 길어져야 합니다. 하지만 시간과 노력을 투자할 마음의 준비가 되어 있는 사람이라면 누구라도 이해할 수 있습니다.♦ 우리 모두는 더 복잡한 개념들을 처음에 생각했던 것보다도 더 쉽게 소화할 수 있습니다. 아인슈타인처럼 똑똑하지 않더라도, 물리학과 수학을 전공하지 않았더라도 열린 마음에 약간의 노력만 곁들인다면, 아인슈타인의 개념과 방정식의 핵심에 자리 잡고 있는 개념들을 이해할 수 있습니다.

백신 관련 학문을 전공하지 않아도 독감 예방접종이 나를 보호해줄 것임을 이해할 수 있듯이, 아인슈타인 같은 천재나 물리학자가 되지 않아도 빛의 운동이나 시간과 공간의 본질에 관한 심오한 개념을 이해할 수 있습니다. 우리는 거인의

♦ 물리학 비전공자도 아인슈타인의 개념을 이해할 수 있도록 쉽게 설명한 책이 많이 출간되어 있습니다. 더 자세히 알아보고 싶은 마음만 있다면 얼마든지 이해할 수 있죠. 저의 책『어떻게 물리학을 사랑하지 않을 수 있을까?』에서도 빛의 본질에 대해 더 자세히 다루고 있습니다.

어깨 위에 올라설 수 있습니다. 다시 말해, 오랜 세월에 걸쳐 전문 지식을 획득하고, 그 내용을 우리에게 공유해주는 다른 사람들의 지식에 의지할 수 있습니다. 따라서 지금 당장 이해할 수 없는 무언가를 마주했더라도 노력과 시간을 들여 찬찬히 그것을 이해해볼 수 있는 것입니다. 과학에 대한 이해는 때로는 우리의 마음을 넓혀주니 그것으로도 충분하고, 때로는 거기서 더 나아가 일상에 혜택을 줄 의사결정에 도움이 되기도 합니다. 어느 쪽이든 우리 삶은 그로 인해 더욱 풍요로워질 것입니다.

물론 현대생활의 특성 중 하나는 인터넷의 발달로 무엇에 주의를 기울여야 할지 끝없이 선택해야 한다는 것입니다. 몇 분에 불과한 시간일지언정 무엇에 시간을 쓸지 계속 판단해야 하죠. 오늘날에는 많은 사람이 감당하지 못할 정도로 많은 정보에 즉각적으로 접근할 수 있습니다. 그래서 평균 주의지속시간attention span이 점점 짧아지고 있습니다. 생각하고 집중해야 할 것이 많아질수록 각각의 특정 대상에 쏟을 수 있는 시간도 짧아지죠. 이렇게 주의지속시간이 짧아진 것이 다 인터넷 때문이라 말하는 사람이 많습니다. 소셜미디어의 책임을 부정할 수는 없습니다만, 전적으로 소셜미디어만 탓할 수도 없습니다. 이런 경향의 기원을 추적해보면, 지난 20세기 초반에 우리

세상이 처음으로 연결되기 시작하면서 기술을 이용해 점점 더 많은 양의 정보에 접근하는 일이 가능해진 시절로 거슬러 올라갈 수 있습니다.

오늘날 우리는 뉴스속보에 24시간 노출되어 있고, 생산되고 소비되는 정보의 양도 기하급수적으로 많아지고 있습니다. 공적으로 논의되는 사안의 수가 계속 증가해서 개별 사안에 기울일 수 있는 시간과 주의도 필연적으로 압축될 수밖에 없죠. 이렇다 보니 우리가 전체적으로 다루는 정보의 총량이 줄어드는 것이 아니라, 우리의 주의를 끌기 위해 경쟁하는 정보가 많아져 주의력이 그만큼 분산됩니다. 그 결과 공적담론도 점점 파편화되고 피상적으로 변하게 되죠. 주제와 주제 사이의 변환 속도가 빨라질수록 앞서 다루었던 주제에 대해 그만큼 더 빠르게 주의를 잃게 됩니다. 우리는 점점 더 자신의 관심을 불러일으키는 주제에만 신경을 쓰게 되어 폭넓은 정보를 얻지 못하고, 자신이 익숙한 범위 외의 정보를 평가할 때는 점점 자신이 없어지죠.

가족, 친구, 직장 동료에게서 얻은 정보나 책과 잡지, 주류미디어, 언론, 소셜미디어에서 얻은 정보 등 우리가 접하는 주제 하나하나에 모두 시간과 주의를 할애해야 한다는 말은 아닙니다. 그건 불가능한 일이죠. 하지만 중요하고 유용하고 흥미로운 정보, 시간과 주의를 기울일 가치가 있는 정보와 그렇지 않은 정보를 구분하는 법은 반드시 배워야 합니다. 파인만이 노벨상을 수상한 연구를 아주 간단하게 요약해달라는 요청에 답하며 강조했던 것처럼, 우리가 더 많은 시간을 쏟으며 공들여 생각하기로 선택한 주제는 필연적으로 어느 정도의 전념이 필요합니다. 과학에서 어떤 주제를 진정으로 이해하기 위해서는 시간과 노력이 필요하다는 것을 우리는 알고 있습니다. 그 보상으로 처음에는 도저히 불가해하게 보였던 개념을 결국에는 직관적으로 이해하게 되죠. 때로 아주 단순한 개념으로 다가가게 되기도 합니다. 최악의 경우라고 해봐야 그 개념이 실제로 복잡하다는 사실을 인정하는 일 정도가 될 것입니다. 그 개념에 대해 철두철미하게 생각하고 이해할 수 없어서가 아니라, 그냥 정말로 복잡하기 때문에 말이죠.

우리 모두 일상생활에서 기억해두어야 할 점이 있습니다. 꼭 기후과학 박사학위를 받아야 쓰레기를 그냥 바다에 버리는 것보다 재활용하는 것이 지구에 더 이롭다는 사실을 알 수 있을까요? 물론 그렇지는 않습니다. 하지만 시간을 조금 들여서 어떤 주제에 대해 조금 더 깊이 파고들어 스스로 증거를 따져보고, 한 사안에 대한 찬반양론을 들어본 후에 마음의 결정을 내린다면, 더 나은 판단을 하는 데 장기적으로 도움이 될 것입니다.

인생에서 접하는 대부분의 일은 시작이 어렵습니다. 하지만 시도해볼 마음의 준비만 되어 있다면 생각보다 훨씬 잘 할 수 있습니다.

5

의견이 아닌
증거에 집중하라

8

몇 주 전, 저희 집 보일러가 가끔씩 저절로 꺼지는 바람에 수리 기사를 부른 적이 있습니다. 저는 그 기사에게 보일러의 디스플레이에 뜨는 'F61'이라는 에러 메시지를 보았다고 말해주었습니다. 그 사람은 무슨 의미인지 안다며 아마도 회로판을 교체해야 할 것 같다고 했습니다. 그는 똑같은 문제로 신고가 들어온 수백 개의 보일러를 고쳐보았고, 자신의 해법이 항상 문제를 해결해주었으니 이번에도 그것으로 문제가 해결될 것이라고 말했습니다. 저는 그의 판단을 신뢰했고 제 결정은 옳았습니다. 지금 보일러가 잘 작동하고 있으니까요. 저는 보일러를 수리할 수 있는 방법은 전혀 모르지만 그 보일러 기사는 전문가이기 때문에 그를 신뢰합니다. 저는 제 담당 치과의사, 의사, 제가 타는 비행기의 파일럿도 신뢰하죠.

　하지만 누구, 혹은 무엇을 신뢰할 수 있는지는 어떻게

판단할까요? 이것은 분석해볼 필요가 있는 문제입니다. 그 이유는 일상적으로 정보를 접하다 보면, 어떤 정보가 정당하고 타당한 것이고(예를 들면, 사실과 믿을 만한 증거가 뒷받침하는 정보를 말합니다), 어떤 정보가 개인적 의견에 불과한 것인지 판단해야 할 때가 있기 때문입니다. 개인적 결정이든 전 세계가 하나의 공동체로서 내리는 집단적 결정이든, 우리가 매일 내리고 있는 수많은 결정은 비판적 분석과 신뢰할 만한 증거를 기반으로 해야 하기에 그런 판단은 점점 중요해지고 있습니다.

요즘에는 수많은 사람이 스스로를 온갖 주제에 대해 목소리를 낼 수 있는 자격을 갖춘 전문가라 여깁니다. 스스로 자신의 현명함을 부풀려 평가하기 때문에 이런 생각을 하는 경우가 많죠. 제 눈에는 이런 현상의 이유가 분명해 보입니다. 인터넷 접근이 쉬워져 정보의 민주화가 이루어지다 보니 일부 사람은 엉터리 정보를 기반으로 한 비도덕적인 관점을 갖게 되었습니다. 그런데 거기서 그치지 않고 한때는 목사와 정치인 들의 전유물이었던 확신과 자신감으로 타인에게 그런 관점을 주입하기까지 하는 것입니다. 물론 그렇다고 그들이 꼭 틀렸다는 의미는 아닙니다. 그럼 우리는 들은 얘기, 읽은 얘기 중 무엇이 믿을 만한 것인지 어떻게 확신할 수 있을까요? 어떻게 하면 엉터리 정보를 기반으로 삼은 개인적 의견과 증거를 기반으로 확립된 사실을 구분할 수 있을까요?

코로나 팬데믹은 전 세계 수백만 명의 사람에게 비극을 안겨주었고 지금도 완전히 끝나지 않았습니다. 이것은 신뢰할 만한 증거를 기반으로 하는 과학적 조언에 주의를 기울이는 일이 얼마나 중요한지 현대에 있었던 그 어떤 사건보다 명확하게 보여주기도 했죠. 우리는 먼저 신뢰할 만한 증거가 갖추어야 할 조건이 무엇인지 알아야 합니다. 그런 것을 알아보기란 생각만큼 간단한 일이 아니죠.

어떤 사람은 좋은 증거는 보는 즉시 한눈에 알아볼 수 있다고 말합니다. 하지만 그것으로는 충분하지 않습니다. 우리는 사람인지라 때로는 자기가 보고 싶은 것, 보리라 예상했던 것만 보게 됩니다. 그런 일이 일어나면 확증편향이 자리를 잡아(이에 대해서는 다음 장을 참고하세요), 이미 자신이 생각하고 있던 바를 뒷받침해주는 한 아무리 조잡한 증거라도 신뢰하게 되죠. 그래서는 안 됩니다. 건강한 증거는 객관적이고, 편향이 없고, 확실하고 신뢰할 수 있는 토대를 기반으로 해야 합니다. 그런 증거는 믿을 수 있는 출처로부터 나온 것이어야 하고, 모순과 대안적 해석에서 자유로워야 합니다. 배심원으로 재판정에 앉아 법정 소송 사건에 대해 판단을 내리라는 요구를 받은 경우에는 편견 없이 최대한 비판적이고 객관적으로 최선을 다해 생각해야 합니다. 한마디로 과학적으로 생각해야 한다는 뜻입니다.

'과학'의 여러 가지 정의 중 하나는 '객관적 증거를 통해서만 그 진실성을 입증할 수 있는 의미 있는 진술을 공식화하는 과정'입니다. 이런 정의는 뒷받침하는 증거나 검증을 요구하지 않는 종교, 정치 이데올로기, 미신, 심지어 주관적 도덕률 같은 다른 신념체계로부터 과학적 지식을 구분하는 방법으로서 아주 강력한 출발점입니다. 여기에도 약점은 있습니다. 얼마나 많은 증거가 필요한지, 그 정보의 질이 어때야 하는지 알려주지 않는다는 것입니다. 이것을 '귀납법의 문제problem of induction'라고 합니다.

물론 증거가 많이 모일수록 우리 지식도 더 신뢰성이 높아집니다. 그렇다면 어떤 것이 신뢰할 수 있는 증거이고 어떤 것이 아닌지는 누가 판단할까요? 증거가 어느 정도 모여야 무언가가 신뢰할 만하다고 자신 있게 말할 수 있을까요? 그것은 그 증거를 어디에 사용하고 싶은지, 그 증거를 이용해서 잘못된 판단을 내렸을 때의 잠재적 대가가 무엇인지에 달려 있습니다. 신약을 개발한 경우에는 해로운 부작용의 발생 가능성을 암시하는 아주 약간의 증거도 그 문제를 이해할 때까지 즉각적으로 신약의 사용을 중단할 수 있는 충분한 근거가 됩니다. 반면에 새로운 아원자입자subatomic particle의 존재를 설득하기 위해서는 아주 많은 양의 증거가 필요하죠.◆

귀납법의 문제와 관련하여 언급할 만한 것으로 '사전 예방의 원칙precautionary principle'이 있습니다. 기본적으로 증거가 빈약하거나 완전하지 않을 때 우리는 무엇을 해야 할까요? 이런 경우는 증거를 신뢰해서 그 증거를 바탕으로 행동했을 때 따라오는 결과를, 행동에 나서지 않았을 때의 결과와 반드시 비교해 저울질해보아야 합니다. 기후변화를 회의적으로 생각하는 사람은 '인간의 활동에 의한 기후변화anthropogenic climate change'가 실제로 일어나고 있는지 여부를 과학자들이 확실하게 알 수 없다고 주장합니다. 이 말은 사실입니다. 과학에서 100퍼센트 확실한 것은 없기에 과학자들도 그런 기후변화를 확신할 수는 없습니다(앞에서도 말했듯이, 그렇다고 세상에 대한 기정사실이 존재하지 않는다는 의미는 아닙니다). 하지만 지난 수

◆ "비범한 주장에는 비범한 증거가 필요하다." 이것은 칼 세이건이 '라플라스의 원리Laplace'principle'를 고쳐 말해서 유명해진 문장입니다. 원래 라플라스의 원리는 "비범한 주장을 뒷받침하는 증거의 무게는 그 기이함의 정도에 비례해야 한다"라는 내용입니다. 이 설명은 다음의 출처에서 발췌한 것입니다. 파트리지오 E. 트레솔디Patrizio E. Tressoldi, 「Extraordinary claims require extraordinary evidence(비범한 주장에는 비범한 증거가 필요하다)」, 《Frontiers in Psychology(프론티어스 인 사이콜로지)》 2(2011), 117.

십 년 동안 지구의 기후가 급속도로 변화한 데 인류의 책임이 크다고 말하는 증거가 압도적으로 많습니다. 그렇다면 그 증거를 무시하고 아무것도 하지 않는 것보다는 주의를 기울이는 편이 더 낫습니다. 담당 의사가 당신에게 금연이나 금주 등 어떤 식으로든 생활 방식을 바꾸지 않으면 앞으로 몇 년밖에 더 살지 못한다고 말했다고 가정해봅시다. 의사가 덧붙이기를, 그런 생활 방식의 변화가 원하는 결과를 가져올지 확신할 수는 없지만 그럼에도 자신의 말이 옳다고 97퍼센트 확신한다고 했습니다.◆ 그럼 당신은 이렇게 말하시겠습니까? "의사 선생님, 선생님이 100퍼센트 확신하지 못한다면 선생님 말이 틀릴 가능성도 있는 거잖아요. 그럼 저는 술, 담배를 좋아하니까 지금까지 하던 대로 계속 하렵니다." 사실 의사가 50퍼센트만 확신한다고 해도 당신은 아마 의사의 조언을 따르려 할 겁니다. 그렇지 않은가요? 그러지 않을 수도 있겠죠. 어쩌면 생활 방식을 바꾸기가 너무 어려울 수도 있고, 도박을 해볼 마음의 준비가 되어 있을 수도 있습니다.

사전예방의 원칙에서도 주의할 사항이 있습니다. 정

◆ 여러 건의 설문조사에 따르면 기후학자의 약 97퍼센트가 인류가 지구의 기후에 극적으로, 또 안 좋은 방향으로 영향을 미치고 있다고 믿고 있습니다.

치인이 사회 전체에 영향을 미치는 중요한 정책적 결정을 내릴 때는, 과학적 증거가 아무리 매력적이라도 그것만을 고려해서는 안 될 수도 있다는 점입니다. 팬데믹 기간 동안에 이런 경우를 목격했죠. 엄격한 규제가 바이러스의 전파 속도를 늦추기는 했지만 그 대가로 경제적 손실과 생계수단의 상실이 발생했고, 취약계층의 정신 건강과 안녕이 타격을 받았습니다. 때로는 특정 조치를 과학적 증거가 강력하게 뒷받침하고 있더라도, 그것을 더 폭넓고 복잡한 사안의 일부로 바라보아야 합니다. 물론 개개인도 모두 처한 상황이 다르니 그런 점도 함께 고려해야겠죠.

또 다른 문제도 있습니다. 과학자가 무엇인가를 사실이라고 "믿는다"라고 말하는 것을 들었을 때, 그 믿음을 뒷받침하는 증거에 대한 요구조건이 혼란스러워질 수 있다는 점입니다. 과학적 '믿음'은 우리가 일상에서 흔히 말하는 믿음과 의미가 다릅니다. 과학적 믿음은 이데올로기, 희망사항, 맹목적 믿음을 기반으로 삼지 않으며, 또 그래서도 안 됩니다. 그보다는 시험을 통해 검증된 과학적 개념, 관찰 증거, 시간이 지나면서 쌓인 과거의 경험을 기반으로 삼아야 하죠. 제가 "나는 다윈의 진화론이 옳다고 믿는다"라고 말할 때 그 믿음은 진화론을 입증하는 막대한 증거가 있는 반면, 진화론을 반증하는 신뢰할 만한 과학적 증거는 없다는 사실을 바탕으로 나온 것입니다. 저 자신은 진화생물학자로 훈련받지 못했지만 그런 훈련을 받은 사람들의 전문성과 지식을 신뢰합니다. 그리고 저는 제가 훌륭한 과학을 바탕으로 한 강력한 증거와 맹목적 믿음, 편견, 전해들은 이야기를 바탕으로 한 개인적 의견의 차이를 구분할 수 있다고 생각합니다.

물론 과학자도 자기 분야의 여느 전문가와 마찬가지로 세상을 잘못 이해할 수 있습니다. 그들을 맹목적으로, 혹은 무조건적으로 신뢰해서도 안 되죠. 그보다는 그들이 하는 말이 다른 사람들에게 인정을 받고 있는지 확인해보아야 합니다. 그렇다고 해서 마음에 들거나 자기가 원래 갖고 있는 관점을 뒷받침해주는 의견을 만날 때까지 쇼핑하듯 찾아다녀도 된다는 의미는 아닙니다. 만약 제게 건강과 관련해서 걱정스러운 문제가 있다면 다음에 의사와 얘기할 때 치료의 선택지에 대해 더 적절한 질문을 던질 수 있도록 하루 저녁 온라인으로 조사를 하면서 그 증상에 대해 공부를 할 수는 있을 것입니다. 하지만 의견이 마음에 들지 않는다는 이유만으로 어떤 주제에 대해 저보다 전문 지식과 경험이 훨씬 많은 사람과 논쟁을 벌일 생각은 없습니다.

다른 전문가도 그렇듯이 과학자도 자기가 하는 말의

의미를 제대로 알고 말하는 것이라고 믿을 수 있습니다. 그들이 특별하기 때문이 아니라 그런 전문 지식을 쌓기 위해 여러 해를 투자해서 공부하고 연구했기 때문입니다. 저는 양자물리학의 전문가이지만, 이 사실로는 보일러 수리, 바이올린 연주, 비행기 조종 등에 특별한 통찰력이 생기지 않습니다. 물론 저도 여러 해에 걸쳐 필요한 훈련을 받았다면 그런 분야에 전문가가 될 수 있었을 것입니다. 하지만 그렇지 않았기에 저는 보일러를 고치는 문제로 수리기사와 논쟁을 벌이지 않을 겁니다. 수리기사도 저에게 해밀토니안Hamiltonian의 대각화 diagonalization*에 대해 말하지 않겠죠.◆ 그렇지만 문제 제기는 언제든 환영입니다. 대신 당신은 근거 없는 의견이 아니라 전문성과 증거를 기대하고 요구해야겠죠.

물론 한 주제에 대한 전문성을 갖추었다고 주장한다고 전문가가 될 수 있는 것은 아닙니다. 여러 해에 걸쳐 외계인이 존재한다는 증거를 조사한 UFO 학자 역시 전문가라 여겨질 수 있을 것입니다. 그와 비슷하게 지구가 편평하다고 생각하는

---

* 대각화란 행렬을 대각행렬로 만드는 것을 뜻합니다. 대각행렬은 주대각선 원소를 제외한 모든 원소가 0인 행렬입니다.

◆ 해밀토니안은 행렬역학이라는 이론물리학에서 사용하는 수학 기법입니다.

음모론자는 자신의 주장을 뒷받침하는 증거가 널리고 널렸으며, 그 증거들이 검증을 통과했으므로 반드시 참이라고 주장할 것입니다. 이들이 박사학위가 없다고, 혹은 정통 과학계에 몸담고 있지 않다고 해서 이들의 관점을 거부해야 할까요? 물론 그렇지는 않습니다. 하지만 새로운 아이디어나 타인의 관점에 대해 열린 마음을 유지하는 것이 중요하다고 해도, 합리성을 상실할 정도로 열린 마음이 되어서는 곤란합니다. 건강한 수준의 열린 마음을 유지하기 위해서는 정밀조사와 비판적 문제 제기가 함께해야 합니다.

정치 이데올로기 때문에 믿게 되었든 아니면 유튜브 YouTube를 보다가 무심코 빠져들었든, 특정 음모론에 마음을 뺏긴 사람이 적어도 주변에 한두 명은 있을 겁니다. 음모론은 인간의 문명 그 자체만큼이나 오래되었습니다. 세상사에 만족하지 못하는 힘없는 자들이 자신이 무지의 어둠 속에 붙잡혀 있음을 분하게 여겨 이해할 수 없는 문제에 대해 이런저런 추측을 해온 것이 그 역사입니다. 이들이 실제로 거짓말을 듣거나 기만을 당했을 가능성도 있지만, 이들의 이론은 아무런 근거도 없을 가능성이 높습니다. 특정 음모론을 믿는 사람들이 똑똑하지 못해서 이 점을 간파하지 못한다는 말은 아닙니다. 머리도 좋고 다른 문제에 있어서는 정확한 정보를 바탕으로 판단할 줄 아는 사람이라도 여러 가지 이유로 사실이 아닌 것을 믿을 수 있습니다. 과거의 경험으로 인해 권위자에 대해 합당한 불신을 갖고 있기 때문일 수도 있고, 그냥 모든 사실에 접근할 수 있는 여력이 없기 때문일 수도 있습니다. 이런 경우 그들에게 틀렸다고 아무리 말해봤자 소용이 없습니다. 그들은 진실을 꿰뚫어볼 수 있을 만큼 현명하지 않기 때문입니다. 그 사람들도 당신을 보며 똑같이 생각할 겁니다.

그럼 한번 자문해봅시다. 음모론자가 실제로 음모를 밝혀낸 것을 마지막으로 본 적이 언제였습니까? 그들이 의심의 여지 없이 자신의 주장이 옳다고 입증한 적이 있었던가요? 생각해보면 음모론자는 사실 자신의 주장이 옳다고 입증되는 것을 전혀 원하지 않습니다. 음모 자체가 그들의 존재 이유이니까요. 그들은 '진실'을 밝혀내겠다는 사명감을 자신의 원동력이자 위안으로 삼습니다. 이 점이 그들이 어떤 사람인지 정의해줍니다. 음모론자들은 자신의 주장을 뒷받침하기 위해 제기하는 논거에서 스스로를 지탱하는 힘을 얻으며, 그 논거가 불어넣어주는 열정에서 그에 못지않은 힘을 얻습니다. 그들은 음모를 밝혀내는 데 결코 성공하지 못하면서도 자신이 옳다는 믿음만큼은 절대로 흔들리지 않습니다. 자신의 이론이 내세우는 전제가 전혀 근거가 없다는 생각을 절대 하지 않죠. 음모론자에게 어떤 증거를 제시하면 생각을 고쳐먹겠느냐고 물어보세요. 그럼 그들은 어떤 증거도 자신의 생각을 바꾸지는 못할 거라고 답할 겁니다. 사실 음모론에 반하는 증거를 제시하면, 그들은 뒤에서 음모를 꾸민 자들이 진실을 은폐하기 위해 얼마나 애쓰고 있는지 보여주는 증거라 여길 뿐입니다. 음모론은 본질적으로 반박이 불가능합니다.

이것은 과학을 하는 방식과는 참으로 다른 접근입니다. 과학에서는 오히려 이론이 틀렸음을 입증하기 위해 최선을 다하죠. 그래야만 실재의 진정한 본성을 제대로 이해했다고 확신할 수 있고, 잠재적으로 세상에 대한 새로운 사실을 밝혀낼 수도 있으니까요.

제가 과학이론과 음모론의 차이에 초점을 맞추는 이유는 이런 차이를 아는 일이 주장을 뒷받침하기 위해 제시된 다양한 유형의 증거를 판단하는 데 도움이 되기 때문입니다. 이 일이 그 어느 때보다도 중요해졌습니다. 소셜미디어를 통해 특정 아이디어가 전파되는 속도가 너무 빨라졌기 때문이죠. 누군가가 지구가 편평하다고 믿든, 달 착륙이 사기였다고 믿든, 혹은 외계인이 지구를 찾아왔었다고 믿든(미국 정부가 로즈웰의 외계인 우주선 충돌 장소에서 나온 증거를 숨기고 있다고 믿든, 기자 피라미드 건축물 뒤에 외계인이 살고 있다고 믿든), 이런 것은 무해하고 심지어는 재미있는 얘깃거리가 될 수도 있습니다. 하지만 코로나 팬데믹이 모두 거짓말이며 우리를 통제하기 위한 정부 전략의 일환이라거나, 백신은 모두 해로우며 그 역시 우리를 통제하기 위한 전략의 일환이라 주장하는 음모론을 듣게 된다면, 이것은 더 이상 무해한 재밋거리로 치부할 수 없는 위협이 됩니다. 우리는 그런 주장을 객관적이고 과학적으로 평가할 수 있어야 하죠.

요즘은 음모론에 대처하는 일이 그 어느 때보다 진지한 과제로 여겨지고 있습니다. 소셜미디어 플랫폼에서도 잘못된 정보나 가짜뉴스를 솎아내기 위해 눈에 불을 켜고 있죠. 우리 개개인이 스스로의 판단 능력을 끌어올리기 위해 할 수 있는 일도 많습니다. 우선 우리 모두가 이런 문제를 의식하고 이와 맞서 싸우기 위한 조치를 취할 수 있습니다. 음모론에 빠져드는 사람 대부분이 정서적으로 안정되어 있고 합리적인 분별력이 있는 사람임을 기억해야 합니다. 이들은 단지 타인의 공포, 불안, 소외감을 먹고 사는 자들에게 현혹되었을 뿐입니다. 특히나 위기의 시기에 이런 일이 많이 일어납니다. 그런 시기는 의심을 씨앗을 심고 온갖 거짓 아이디어를 부채질하기에 안성맞춤이기 때문이죠.

또 친구가 페이스북Facebook에 게시한 것이든 대화 중에 나온 것이든 특정 개념, 주장, 의견에 대해 평가할 때 과학적 접근 방식을 적용하면 진실을 진실이 아닌 것과 구분하는데, 혹은 아이디어 안에 숨은 모순을 밝히는 데 도움이 됩니다. 피상적인 주장 너머를 바라보려 노력하고, 질문을 던지고, 주장을 뒷받침하는 증거의 질을 검토해보세요. 그 주장이 진실일 가능성이 얼마나 되는지, 또 그 주장을 옹호하는 사람에게 그렇게 해야 할 다른 동기가 있지는 않은지 스스로 질문해보세요. 그들이 전적으로 객관적일까요? 혹시 그런 관점을 주장해야 할 이데올로기적 이유가 있지는 않습니까? 제시된 증거에 의문을 제기해보세요. 그 증거의 출처는 어디이며, 신뢰할 만합니까? 정말 이상한 음모론이라도 일말의 진실을 바탕으로 구축될 수 있음을 기억해야 합니다. 문제는 그 일말의 진실이 절반의 진실, 뒷받침되지 않는 논리, 노골적인 거짓말로 쌓아 올린 끊임없이 퍼져가는 말도 안 되는 주장에 힘을 보태고 그것을 유지하는 데 사용될 수 있다는 것입니다.

음모론자와 논쟁을 벌이다 보면 무의미한 짓을 하고 있다는 좌절감을 느낄 때가 많습니다. 논리적 모순이나 신뢰할 만한 증거의 부족을 강조하고, 그 사람의 주장과 반하는 증거까지 보여줘도 그의 마음을 바꾸는 데 전진이 없으면 시간 낭비라는 생각이 들죠. 그렇다고 시도도 하지 말아야 한다는 의미는 아닙니다. 정말로 하지 말아야 할 일은 무지하다거나 어리석다며 상대를 비난하는 일입니다. 논쟁이 뜨거워지면 그러고 싶은 마음이야 굴뚝같아지겠지만 말이죠. 대신 그 사람이 증거를 어디서 얻었는지 조사해보고, 관여한 사람이 그렇게 많은 음모가 비밀로 유지될 확률이 얼마나 되겠느냐고 물어보세요. 달 착륙이 모두 사기라는 주장은 이런 논리로 반박하기 좋은 사례입니다. 달 착륙이 사기라면 NASA와 아폴로 계획Apollo Program에 참여했던 수많은 업체에서 일했던 수만 명의 사람이 그 사기에 가담해서 한 사람도 빠짐없이 반세기 넘게 입을 다물고 있다는 말이 되니까요. 그 사람의 밑바탕에 깔려 있는 관심사가 무엇인지, 그가 무슨 이유로 그런 음모론을 믿거나 믿고 싶어 하는지, 그가 어떤 일을 하는지 이해하려 애쓰는 것 역시 중요합니다.

모든 사람이 자신이 동의할 수 없는 의견이나 신념과 십자군처럼 일일이 맞서 싸울 수는 없지만, 대신 그것을 자신의 신념을 평가해볼 기회로 삼을 수는 있습니다. 과학적 방법론은 비판적으로 사고하고, 의문을 제기하고, 자신의 것이든 타인의 것이든 이론을 경험적 증거에 비추어 보는 과정임을 기억하세요. 이것이 우리가 세상에 대한 개념을 검증하고 입증하는 방식입니다. 또한 우리 모두가 일상생활에서 채용해야 할 접근 방식입니다. 우리는 타인의 의견이나 신념에 항상 의문을 제기하고, 그것이 신뢰할 만한 증거에 기반하고 있는지 꼼꼼히 따져보아야 합니다. 하지만 결국 가장 중요한 것은 자신이 무엇을, 왜 믿고 있는지 아는 일입니다.

당신은 왜 지금의 관점을 가지고 있나요? 누구의 의견을 신뢰하며, 또 그 이유는 무엇인가요? 자신의 말을 묻지도 따지지도 않고 맹목적으로 받아들이기를 기대하는 사람, 상대방이 받아들이지 않으면 화를 내며 입을 다물게 만들려는 사람을 신뢰할 것인가요? 아니면, 의문을 제기하고 해답을 구하는 것을 평생의 철학으로 삼아왔고, 그 해답이 자신이 기존에 갖고 있던 신념을 뒤흔들어 놓을지라도 인정하고 받아들이는 사람을 신뢰할 것인가요? 타인이 당신이 하는 말을 신뢰해야 한다고 생각하나요? 그렇다면 그 이유는 무엇인가요? 증거는 질문을 낳는다는 점을 기억하세요. 질문을 가치 있게 여겨야 합니다. 사람들에게 질문을 던지고, 그들도 질문을 던지도록 북돋아주세요. 그리고 듣는 대답과 하는 대답 모두 질문과 마찬가지로 철저하게 증거에 바탕을 두도록 하세요.

6

타인의 관점을
평가하기 전에 해야 할 일

8

우리는 모두 생각이 비슷한 사람들에 둘러싸여 있으면 거품 안에 들어가 있는 것처럼 편안하게 보호받는 느낌을 받습니다. 이것은 사람의 본성입니다. 하지만 이 거품은 자신이 이미 동의하는 의견이나 신념만 접하게 하는 반향실echo chamber 역할도 합니다. 이런 반향실 속에 있으면 자신의 관점이 반복과 확증을 통해 증폭되고 강화되기 때문에 흔들기가 어려운 편견과 선입견으로 굳어지죠. 이렇게 의식적으로든 무의식적으로든 우리는 확증편향confirmation bias이라는 것에 무릎을 꿇게 됩니다. 우리가 타인의 관점 속에 녹아 있는 편견은 알아차리면서 자신의 신념에 대해서는 좀처럼 의문을 제기하지 않는다는 것은 부정할 수 없는 삶의 현실입니다. 과학자라고 해서 확증편향으로부터 자유로운 것은 아닙니다. 하지만 과학적 사고가 그런 편향이나 다른 맹점에 맞설 백신 역할을 해줄 수 있습니다.

이것이 제가 이 장을 통해 여러분과 공유하고 싶은 메시지입니다. 한 가지 예를 들어보겠습니다.

저는 기후가 급속도로 변하고 있고, 그것이 인간의 활동 때문임을 거의 의심하지 않습니다. 우리가 함께 힘을 모아 삶의 방식을 바꾸지 않는다면 인류의 미래가 위태롭다고 확신합니다. 저는 기후 데이터, 해양학, 대기과학, 생물학적 다양성, 컴퓨터 모형 등 서로 다른 수많은 과학 영역에서 나오는 논박 불가능한 압도적인 과학적 증거를 바탕으로 이런 시각을 확립했습니다. 담당 의사가 말해준 질병의 예후가 불만스러워서 다른 의사에게 2차 의견, 3차, 4차, 5차 의견까지 구해보았는데, 모두 다 혈액검사, 스캔 촬영, X선 촬영 같은 반박 불가능한 증거를 바탕으로 같은 얘기를 한다고 상상해보세요. 제가 기후 변화에 관해 지금과 같은 관점을 갖고 있는 이유도 그와 같습니다.

하지만 어쩌면 그런 입증 증거가 산더미처럼 쌓이기 여러 해 전부터 인간의 활동에 의한 기후변화가 진실이라고 제가 그렇게 쉽게 받아들였던 이유를 한번 생각해보아야 할지도 모르겠습니다. 개인적으로 알고 지내는 기후학자가 몇 명 있었고, 그들의 전문 지식을 신뢰했기 때문일까요? 그들을 정직하고 능력 있는 과학자라 여겼기 때문일까요? 아니면, 더욱 윤리적인 삶을 살고 자연을 보호해야 한다는 저의 진보주의 liberalism적 관점과 지속 가능한 삶보다 개인의 자유를 더 가치 있게 여기는 자유주의libertarianism를 반대하는 관점이 어우러 졌기 때문일까요? 보시다시피 이 글을 쓰고 있는 지금도 제 개 인적 편향이 분명하게 드러나고 있습니다. 어떤 주제에 대해 완전히 객관적인 태도를 유지하는 것은 정말 어렵죠. 공교롭게 도, 인간의 활동에 의한 기후변화의 경우 현재 과학적 증거가 진실 쪽으로 강력하게 기울어져 있기 때문에, 애초에 그런 주 장을 믿었던 저의 동기에 대해 의문을 제기할 필요는 없습니 다. 하지만 아무리 객관적인 자세를 유지하려고 해도 제가 인 간의 활동에 의한 기후변화를 지지하는 증거를 더 쉽게 받아들 이고, 그것을 반박하는 증거를 회의적으로 불신할 가능성이 높 았다는 데에는 의심의 여지가 없습니다. 이것이 바로 확증편향 이죠.

확증편향은 여러 가지 형태로 나타납니다. 심리학자 들은 확증편향이 다양한 방식으로 발현된다는 사실을 확인했 습니다. 그중 하나가 '우월감 환상illusory superiority'이라는 현상 입니다. 이는 자신의 약점은 인식하지 못하면서 자신의 능력 에 대해 과장된 자신감을 갖는 성향을 말합니다. 사람들이 개 념이나 상황을 이해할 때 자신이 무능력하고 단점이 있음을 인식하지 못하는 이유를 알아보기 위해서 지난 일이십 년간 여러 연구가 진행되었습니다. 이런 연구를 보면 재미있는 사례를 접할 수도 있습니다. 예를 들어, 은행강도 맥아더 휠러McArthur Wheeler는 얼굴에 레몬주스를 뿌리면 보안 카메라에 얼굴이 찍히지 않게 할 수 있다고 믿었죠. 투명 잉크invisible ink의 작용 원리를 뒷받침하는 화학을 잘못 이해한 결과였습니다. 한편, 권력을 잡고 있거나 영향력이 큰 사람이 우월감 환상에 빠진 경우, 그런 사람을 추종하는 사람이 많아지면 위험한 결과를 낳을 수 있습니다. 소셜미디어에서는 보통 목소리가 제일 큰 사람이 팔로어follower 수도 제일 많지만, 이런 사람은 우월감 환상에 빠져 있을 가능성이 대단히 높습니다.

미국의 사회심리학자 데이비드 더닝David Dunning과 저스틴 크루거Justin Kruger는 특히 우월감 환상에 대해 많은 연구를 했습니다. 이들의 이름을 따서 '더닝-크루거 효과Dunning-Kruger effect'라는 용어도 나왔죠. 이것은 인지편향cognitive bias의 또 다른 형태로, 능력이 떨어지는 사람은 자신의 능력을 과대평가하는 반면 실제로 능력이 뛰어난 사람은 오히려 다른 사람들의 능력을 과대평가하는 것을 말합니다. 데이비드 더닝은 이렇게 설명했습니다. "능력이 없는 사람은 자신의 무능력을 알 수 없다. (…) 정답을 만들어내는 데 필요한 능력은 바로 정

답이 무엇인지 알아보는 데 필요한 능력이다."◆

소셜미디어를 보면 '더닝-크루거 효과'를 매일 확인할 수 있습니다. 특히 음모론과 비합리적인 이데올로기에서 그렇죠. 과학자든 경제학자든 역사가든 법률가든 언론인이든, 적법한 전문가는 특정 주제에 대해 피상적으로만 아는 사람에 비해 무언가를 모르면 모른다고 더 솔직히 인정하는 경향이 있습니다. 소셜미디어에서 논쟁이 나날이 양극화하고 비생산적으로 변하는 데는 이런 점도 한몫하죠. 어떤 주제에 대해 언급할 자격이 되는 사람들은 오히려 자신의 주장을 제시할 때 더욱 신중하고 생각이 깊어집니다. 자신의 주장에서 신뢰성이 약한 증거가 무엇이고, 자신의 이해에서 어디에 약점이 숨어 있는지 잘 알고 있기 때문이죠(증거보다는 의견을 노골적으로 우선시하는 사람하고는 아예 논쟁을 하지 않는 경우도 많습니다). 그래서 이들은 침묵을 유지할 가능성이 더 높습니다. 덕분에 타협을 모르고, 공격적이고, 엉뚱한 정보로 무장한 양극단 세력 사이에 황량한 무인지대만 남게 되죠. 연구에 따르면, 특정 주제에 대해 정확한 정보를 갖고 있는 사람들과 달리 정확한 정보가 없는 사람

◆　　데이비드 더닝, 『Self-Insight: Roadblocks and Detours on the Path to Knowing Thyself(자기 통찰력: 자신을 알아가는 여정의 장애물과 우회로)』(New York: Psychology Press, 2005), 22.

들은 자신의 약점을 인정하려 들지 않고, 인정할 능력도 없습니다. 그렇다 보니 더 정확한 정보를 얻어야겠다는 필요도 못 느끼죠.

여기서 모든 사람이 '더닝-크루거 효과'가 실제로 존재한다고 동의하는 것은 아니라는 경고의 말을 하고 넘어가겠습니다.◆ 이렇듯 이것은 그냥 데이터가 만들어낸 가공의 산물일지도 모릅니다. 하지만 우리가 기억해두어야 할 교훈은, 자기와 의견이 다른 사람들을 어리석다고 생각해서 그들의 관점과 문제 제기를 너무 성급하게 묵살해서는 안 된다는 점입니다. 타인의 의견을 비판하기 전에 먼저 자신의 능력과 편견을 조사해보아야 할 일입니다.

물론 소셜미디어에서 차분하고 신중한 논쟁을 찾아보기 힘든 이유가 비단 어떤 주제를 잘 아는 사람의 참여가 저조하기 때문만은 아닙니다. 제대로 된 정보를 갖고 있는 사람과 그렇지 못한 사람이 맞붙는 주제도 많이 있으니까요. 하지만 확증편향은 인간의 본성 중 일부이기 때문에 양쪽 진영 모두

◆ 그런 사례로는 다음의 자료를 참고하세요. 조너선 제리Jonathan Jarry, "The Dunning-Kruger effect is probably not real(더닝-크루거 효과, 존재하지 않을 가능성 높다)", 《McGill University Office for Science and Society(맥길대학교 과학사회사무국)》, 2020년 12월 17일.

영향을 받게 됩니다. 어느 한쪽이 객관적으로 더욱 옳다고 해도 말이죠. 자신이 아무리 정확한 정보를 갖고 있다고 생각해도 이 점에 관해서는 아마도 우리 모두 유죄일 것입니다.

확증편향과 우월감 환상에는 문화적인 요소도 작용합니다. 한 연구에 따르면,◆◆ 특정 과제에 실패한 경우 미국인은 성공한 사람에 비해 후속 과제를 끈질기게 이어서 하는 경향이 낮은 반면, 일본인은 정반대 경향을 보였습니다. 즉, 선행 과제에 실패한 사람이 성공한 사람보다 그다음 과제에 더 열심히 달려든 것이죠.

확증편향에 대처하는 방법을 생각해보기 전에, 과학계에도 이런 문제가 존재하는지 알아보겠습니다. 앞서 말씀드렸듯 과학자라고 해서 여느 사람들과 달리 확증편향에 빠지지 말란 법은 없습니다. 모든 사람이 확증편향에 빠질 수 있죠. 하지만 이런 문제가 모든 과학 분야에 고르게 퍼져 있는 것은 아니고, 일부 분야는 다른 분야보다 확증편향의 문제에 더 노출되어 있습니다. 이런 말을 하면서 부디 저 자신이 편견에 빠져

◆ ◆　스티븐 J. 하이네 외Steven J. Heine et al., 「Divergent consequences of success and failure in Japan and North America(일본과 북미에서의 성공과 실패에 따른 다양한 결과)」, 《Journal of Personality and Social Psychology(성격 및 사회 심리학 저널)》 81. no. 4 (2001), 599 – 615.

있다는 인상을 주지는 않았으면 좋겠습니다. 물리학이나 화학, 그리고 그만큼은 아니지만 생물학 등의 자연과학은 사회과학에 비하면 확증편향의 문제가 그래도 덜합니다. 사회과학의 경우, 인간의 복잡한 행동을 연구하기 때문에 정확성이 높은 자연과학에 비해 해석과 주관에 휘둘릴 가능성이 높죠. 그렇지만 물리학자인 제가 자연과학은 확증편향에서 자유롭기 때문에 경계를 늦추어도 된다고 생각한다면, 이 자체가 확증편향의 좋은 사례가 될 것입니다. 사실 사회과학자들은 연구의 특성상 그런 현상에 더욱 익숙하기 때문에 그 은밀한 영향을 더욱 예리하게 인식하고, 또 그것을 통제할 준비가 되어 있습니다.

우리는 바로 앞 장에서 '귀납법의 문제'에 대해 얘기했습니다. 과학이론을 입증하는 증거가 얼마나 많아야 그 이론을 신뢰할 수 있는지 판단하기 어렵다는 내용이었죠. 종종 기존에 확립되어 있던 지식과 어긋나는 발견이 이루어지고 그에 반대되는 증거가 나오기도 합니다. 이때 그 증거가 압도적이지 않을 경우 과학자들은 그것을 무시할 수도 있고, 자신의 생각과 맞아떨어지는 부분만 선별적으로 체리피킹할 수도 있습니다. 그들은 잘못 해석하거나 잘못 이해할 수도 있고, 심지어 자기가 선호하는 기존 이론을 뒷받침하기 위해, 혹은 자기가 새로 발견한 이론을 부각시키기 위해 고의로 연구 결과를 조작하기도 합니다. 과학자들도 사람인지라 다른 이들과 똑같은 결점을 갖고 있습니다. 따라서 자존심, 질투심, 야심, 심지어 순전한 부정직성 때문에 개인 수준에서는 편견에 휘둘릴 가능성이 늘 있습니다.

다행히도 과학에서 이런 일이 실제로 발생하는 경우는 보통 예상하는 것보다 훨씬 드뭅니다. 과학의 발전 과정에서 나타나는 이런 장애물은 대부분 일시적입니다. 과학적 방법론에는 연구 결과의 재현성을 요구하고 강권에 의한 신속한 진행보다는 합의에 의한 느린 진행을 요구하는 등, 그런 편향을 인정하고 줄이는 수정 메커니즘이 내장되어 있기 때문이죠. 과학자들은 편향을 배제하기 위해 다른 다양한 기법도 사용합니다. 예를 들면, 무작위 이중맹검 대조군 실험randomised double-blind control trial◆이나 동료심사peer review에 의한 논문 발표 등이 있죠. 과학에서는 나쁜 개념이 절대 오래 지속되지 못합니다. 조만간 과학적 방법론이 승리하고 진전이 이루어지죠.

슬프게도 일상생활은 그렇게 단순하지 않습니다. 한번은 한 지인이 말하기를, 수천 년 전에 외계인들이 지구를 방

◆ 이 경우 실험자 자신도 실험이 끝날 때까지 어느 피실험자가 실제 실험 집단이고, 어느 피실험자가 위약 집단인지 알지 못합니다.

문해서 선진 기술을 이용해 기자 피라미드를 지었다고 확신하고 있다더군요. 그는 피라미드와 관련된 수비학numerology◆ 때문이 아니라 돌덩어리들이 맞물리는 정확도 때문에 그렇게 생각하게 되었다고 합니다. 그의 가설에 따르면 그 돌덩어리들은 레이저로 자른 것이 분명했습니다. 레이저는 그 후로 4500년 정도가 지나서야 개발될 기술인데도 말이죠. 제가 아무리 이성적으로 설명하고 설득해도 그의 신념을 흔들 수는 없었습니다. 그 사람은 몇몇 유튜브 다큐멘터리를 보고 그 신념을 얻었더군요. 고고학자들이 이집트인이 그 돌덩어리들을 어떻게 자르고 옮기고 쌓았는지, 피라미드를 건설한 이유가 무엇인지 밝혀냈다는 증거를 아무리 제시하며 설득해도 그의 믿음은 요지부동이었습니다. 외계인들이 그 옛날에 지구를 방문했다가 신뢰할 만한 증거나 과학적으로 분석할 수 있는 흔적을 전혀 남기지 않고 떠나갔을 가능성이 얼마나 낮은지 얘기해보아도 마찬가지였죠. 이런 '신념집착belief perseverance'은 대단히 막강할 수 있습니다. 특히 증거가 자신의 신념을 반박하는 것이 아니라 오히려 뒷받침한다고 합리화할 방법을 찾아내는 경우에는 더

◆　피라미드와 관련된 수비학은 피라미드의 측정치에서 나타나는 기하학적 비율에서 패턴과 더 깊은 의미를 찾으려는 관습을 말합니다.

욱 막강해집니다.

확증편향은 또 어떤 방식으로 생겨날 수 있을까요? "상관관계correlation가 인과관계causation를 의미하지는 않는다"라는 말을 들어보셨을 겁니다. 두 대상 사이에서 연관성association이나 관련성connection이 관찰되었다고 해서 어느 하나가 다른 하나의 원인임을 의미하지는 않는다는 뜻입니다. 예를 들어, 평균적으로 볼 때 교회의 숫자가 더 많은 도시는 범죄 건수도 더 많은 경향이 있습니다. 즉, 교회의 수와 범죄 건수 사이에는 강한 양의 상관관계가 존재한다는 말입니다. 그렇다면 이것은 교회가 사람들을 범죄자로 양산하는 데 탁월한 능력이 있다는 의미일까요? 아니면, 혹시 무법 도시에는 범죄자들이 고해성사를 할 교회가 더 많이 필요하다는 의미일까요? 물론 둘 다 아닙니다. 하지만 양쪽 모두 세 번째 매개변수parameter와 관련되어 있습니다. 바로 인구죠. 다른 모든 조건이 동일할 경우, 기독교가 주류인 국가에서 인구 500만 명의 도시는 인구 10만 명의 도시보다 교회가 더 많을 겁니다. 1년에 벌어지는 범죄의 수도 더 많겠죠. 교회의 수와 범죄 건수는 상관관계가 있지만 어느 한쪽이 다른 쪽의 원인은 아닙니다. 하지만 많은 사람이 그런 상관관계를 액면 그대로 받아들여서, 자신이 내린 결론의 논리는 따져보지도 않고 인과관계가 존재한다고 추측하는 오류를 범합니다. 지금처럼 도시 인구가 원인이라고 올바른 해석을 제시해주어도 여전히 처음에 추론했던 내용을 쉽게 떨쳐내지 못합니다. 이런 신념집착은 때로 '영향지속효과continued influence effect'라고도 합니다. 옳지 못함이 입증된 이후에도 기존의 관점을 계속 믿는 것이죠. 정치 활동가, 타블로이드 언론, 소셜미디어에 의해 퍼져나간 다양한 형태의 잘못된 정보가 흔히 이 효과를 아주 잘 보여줍니다. 생각의 씨앗은 일단 한번 심어지면, 특히나 이것이 기존 신념과 맞아떨어지는 경우에는, 없애기가 아주 어렵습니다.

다양한 형태로 발현되는 확증편향은 인간의 본성이기 때문에 타인의 생각을 바꾸려는 설득과 노력은 소용없는 짓이라 주장하는 사람도 있을 것입니다. 그렇다면 우리가 그 대신할 수 있는 일은 자신의 관점 속에도 그런 확증편향이 존재할 가능성이 대단히 높다는 점을 인정하는 것입니다. 고대 그리스 경구는 이렇게 말하고 있죠. "너 자신을 알라." 인간 본성의 이런 측면을 알면 뒤로 한 발 물러나 자신이 어째서 그런 관점에 매달리는지, 자신이 이미 갖고 있는 생각을 확증해주는 정보는 적극적으로 받아들이면서 그렇지 않은 정보는 묵살해버리고 있지는 않은지 살펴볼 수 있습니다.

자신이 무언가를 참이라 믿는 이유가 무엇인지 스스

로에게 물어보세요. 그것이 참이기를 바라기 때분은 아닌가요? 과학자들은 인간의 활동에 의한 기후변화가 실제로 일어나고 있다고 확신하지만, 일부 사람의 생각과 달리 그 대다수는 인간이 지구의 기후를 위태롭게 변화시키고 있다고 믿는다고 해서 얻을 것이 없습니다. 사실 지금까지 나온 모든 증거에도 불구하고, 우리 과학자들은 우리의 주장이 틀렸기를 진심으로 바라고 있습니다. 인간의 활동에 의한 기후변화를 믿지 않는 사람들과는 반대로 말입니다. 결국 과학자들에게도 자식과 손자가 있고, 과학자들이 세상을 떠난 이후에 그들이 이 지구를 물려받게 될 테니까요.

우리는 수없이 많은 다양한 주제를 접하며 살고, 그런 주제들에 대해 확고한 의견을 가지고 있는 경우도 있을 것입니다. 하지만 그런 주제를 마주할 때는 의견이 다른 누군가와 곧장 논쟁으로 뛰어들기 전에 먼저 시간을 내 자신이 가진 믿음의 동기는 무엇이고, 애초에 자신에게 정보를 제공한 사람의 동기는 무엇일지 질문을 던져보는 것이 좋습니다. 당신이 무언가를 믿는 이유가 그것이 당신의 이데올로기적, 종교적, 정치적 입장과 맞아떨어지기 때문입니까? 당신이 존중하는 다른 누군가가 그것을 믿기 때문인가요? 결정적으로, 그럼 그로써 그 의견은 옳은 의견이 된다고 생각합니까? 마지막으로, 당신은 관련 정보를 충분히 수집하고 시간을 들여 그것이 과연 신뢰할 만한지 확인해 보았습니까? 그리고 그 정보를 제대로 이해했습니까? 일단 자신의 신념에 의문을 제기해보면 세상을 다른 관점에서 바라볼 수 있고, 자신의 신념이 정말 타당한지 확인할 수 있습니다. 그 후에도 여전히 자신이 옳다고 확신할 수도 있죠. 증거를 객관적으로 살펴보기만 했다면 괜찮습니다. 더 많은 의문이 생겼음을 깨달을 수도 있지만, 그것 역시 괜찮습니다. 중요한 점은 자신의 믿음에 대해 이런 의문을 던지는 과정을 절대 중단하면 안 된다는 것입니다. 이렇게 하는 것이 이성의 빛으로 편견의 안개를 걷어낼 수 있는 방법이니까요.

그럼 사실 당신이 틀렸음을 스스로 확인하게 된 경우에는 어떻게 해야 할까요? 자신이 틀렸다고 인정하기가 쉽지만은 않습니다. 스스로에게 인정하기도 어렵죠. 이럴 때 기억해둘 만한 고대 그리스 경구가 하나 더 있습니다. "확신이 몰락을 불러온다."

이 말은 자연스럽게 다음 장으로 이어집니다.

7

생각 바꾸기를
두려워하지 말자

8

자신의 편견을 알아차리는 것은 정말 힘든 일이지만, 그 편견과 직접 대면해서 그것을 걷어내기 위한 행동을 취하는 것은 전적으로 다른 문제입니다. 그럴 때는 마음이 불편하겠지만 무언가에 대해 자신의 생각이 틀렸을지도 모른다는 것을 인정하고 생각을 바꿀 준비를 해야 합니다. 이렇게 하는 것이 극히 어려운 이유는 심리학자들이 말하는 '인지부조화cognitive dissonance' 때문입니다. 이것은 사람이 서로 충돌하는 두 가지 관점에 직면했을 때 생기는 흥미로운 정신 상태죠. 보통 기존의 강력한 믿음이 새로 습득한 정보와 모순을 일으키며 정면으로 충돌할 때 일어납니다. 그러면 정신적으로 불편한 느낌을 받게 됩니다. 이런 불편을 제일 쉽게 덜 수 있는 방법은 새로운 정보를 무시하거나 그 중요성을 평가절하해서, 자신이 진실이라 믿는 바에 계속 매달리는 것이죠. 이것은 인지편향 현상과 다릅니다. 인지편향의 경우에는 자신의 생각이 옳다는 확신이 너무 강하기 때문에 애초에 자신의 신념과 충돌하는 관점에 눈길을 주지 않죠. 요즘은 산더미같이 우리를 둘러싸고 있는 정보를 걸러내야 하는 상황이다 보니 인지부조화에 대한 이야기가 더 많이 들립니다. 인지부조화가 의사 결정 과정에서 점점 더 중요한 역할을 맡고 있기 때문입니다. 이것은 새로운 개념도 아니고, 특별히 논란이 많은 개념도 아닙니다. 오랫동안 심리학자들은 인지부조화에 대해 잘 이해해왔고, 인지부조화는 이제 확증편향이라는 개념과 함께 대중적인 '시대정신'의 일부로 자리 잡았습니다.

　　　이 문제를 좀 더 과학적인 사고를 함으로써 해결할 수 있을까요? 우선 과학이 이에 어떻게 대처하는지 살펴봅시다. 앞서 만약 과학자들이 항상 기존의 개념만 고수했다면 과학은 별다른 진척을 보지 못했을 것이라고 말씀드렸습니다. 물론 그렇게 고집을 부려야 할 이유가 있을 때도 있습니다. 그들이 신뢰하는 과학이론은 느리고 엄격한 과학적 방법론의 과정을 통해 확립되어온 것이니까요. 성공적인 이론은 오랜 시간 검증을 받으며, 자신을 쓰러뜨리기 위한 고의적 시도에서 살아남은 것입니다. 우리는 데이터를 수집하고, 관찰을 하고, 실험을 수행하죠. 경쟁관계에 있는 이론을 상대로 버틸 수 있는 모형과

가설을 개발하고 어느 쪽이 더 정확하고, 신뢰성 있고, 예측력이 높은지 살펴봅니다. 어떤 이론이 살아남았다면, 그것이 이런 엄격한 조사 과정을 통과했으니 거기서 나오는 새로운 과학적 지식을 신뢰할 수 있다고 우리가 확신하게 되었기 때문입니다. 여기서 과학적 방법론의 가장 중요한 특성 중 하나를 보게 됩니다. 훌륭한 과학자는 항상 어느 정도의 의심과 합리적 회의론을 유지하기 때문에, 이런 신중한 단계가 모두 불확실성을 인정하고 수량화하는 일을 바탕으로 이루어진다는 것입니다. 그렇다고 과학자가 타인의 관점을 꼭 회의적으로 바라본다는 의미는 아닙니다. 과학자는 자신이 틀렸을 수도 있음을 인정해야 한다는 의미죠. 과학에서 의심과 불확실성이 맡은 핵심적 역할은 새로운 개념에 마음이 열려 있게 하고, 더 깊은 이해 수준에 도달할 때나 더 나은 데이터 혹은 새로운 증거가 나올 때 생각을 바꿀 준비가 되어 있게 하는 것입니다. 이런 태도를 통해 인지부조화의 문제를 피하거나, 적어도 줄일 수 있습니다.

과학에서는 의심과 불확실성도 중요하지만 확실성도 중요합니다. 그것이 없었다면 결코 진보가 이루어질 수 없을 테지만, 우리는 진보하고 있죠. 과학적 방법론도 불완전한 부분이 많습니다. 과학적 발견의 과정이 뒤죽박죽 예측 불가능할 때가 많고, 흠집, 실수, 편향으로 가득하다는 것 역시 사실이죠. 하지만 먼지가 가라앉으면서 세상에 대한 이해의 어느 측면이 모습을 드러내면 우리는 알게 됩니다. 진보는 의심을 통해서 이루어진 것이 아니라, 불확실성의 수준을 점차 줄여나가는 신중하고 정당한 단계를 거쳐 결론을 확립함으로써 이루어졌음을 말입니다. 제가 좋아하는 사례로 다시 돌아가 보겠습니다. 저는 지면 5미터 높이에서 공을 떨어뜨리면 그 공이 1초 후에 바닥에 떨어지리라고 확신합니다(그보다는 불확실성을 거의 느끼지 않는다고 해야겠네요). 거리, 시간, 가속을 함께 고려하는 단순한 공식을 이용하면 이렇게 확신할 수 있죠.

하지만 불확실성은 모든 이론, 관찰, 측정의 일부를 이루고 있습니다. 수학적 모형은 명확한 수준의 정확도와 함께 가정과 근사치를 담고 있습니다. 그래프에 표시된 측정점data point에는 우리가 그 값에 대해 갖고 있는 신뢰도를 말해주는 오차막대error bar가 함께 그려져 있습니다. 오차막대가 작다는 것은 그 값이 아주 높은 정확도로 측정되었음을 의미하는 반면, 오차막대가 크다는 것은 그 값에 대한 확신이 낮음을 의미합니다. 모든 과학도는 불확실성의 측정과 수용이 과학적 조사에서 필수적인 부분임을 마음에 새기고 있습니다.

문제는 과학적 훈련을 받지 않은 사람 중에 불확실성을 과학적 방법론의 장점이 아니라 단점으로 여기는 경우가 많다는 것입니다. 그들은 이런 말을 합니다. "과학자들도 자신이 내놓는 결과를 확신하지 못하고 그것이 틀렸을 가능성이 있음을 인정한다면, 우리가 대체 왜 그런 과학을 믿어야 합니까?" 사실 과학에서 불확실성은 아는 것이 없다는 의미가 아니라, 아는 것이 있다는 의미입니다. 확신의 정도를 수량화할 수 있기 때문에 우리가 내놓는 결과가 옳거나 틀릴 가능성이 얼마나 되는지 알 수 있는 것이죠. 과학자에게 '불확실성'이란 무지가 아닌 '확실성의 결여'를 뜻합니다. 불확실성은 의심의 여지를 남기고, 그것이 우리에게 자유를 줍니다. 자신이 믿고 있는 내용을 비판적으로, 객관적으로 평가할 수 있게 해주니까요. 이론과 모형에 불확실성이 있다는 것은 우리가 그 이론과 모형이 절대적 진리가 아님을 알고 있다는 의미입니다. 데이터에 불확실성이 있다는 것은 세상에 대한 우리의 지식이 완전하지 않다는 의미입니다. 이와 반대로 말한다면 문제가 훨씬 크죠. 그것은 광신도의 맹목적 확신을 뜻하니까요.

과학적 발견에 대한 확신의 수준이 미디어에서 잘못 이해되거나 잘못 표현되는 경우도 많습니다. 이것이 과학자 자신의 잘못일 때도 있습니다. 예를 들어, 과학자가 자신의 발견이 뉴스를 통해 더 많은 사람에게 전파되기를 바라는 마음에 자기 연구의 불확실성 수준을 언급하지 않는 경우도 있죠. 그와 비슷하게 새로운 제품이나 기술을 홍보할 때도 상업적 관심을 떨어뜨릴 수 있는 불확실성을 일부러 무시하거나 경시하는 경우가 있습니다. 기자들도 과학 논문이나 보도 자료를 지나치게 단순화하거나 마음에 드는 말만 체리피킹함으로써 불확실성을 등한시하는 경우가 많습니다. 이런 일은 그들이 잘못해서라기보다는 과학적 훈련을 받지 못해서 발생할 때가 많은데, 그 과정에서 저자가 신중하게 선택한 단어들을 잘못 해석할 수도 있습니다. 이 경우는 과학자도 그런 위험을 미리 내다보지 못한 데 부분적으로 책임이 있습니다.

이것은 정치의 세계와 정말 크게 다른 점입니다. 정치에서는 무언가를 주장할 때 조금이라도 망설이거나 확신하지 못하는 기미를 보이면 나약함의 신호로 해석되죠. 유권자들이 확신을 정치인의 강점이라 여기기도 합니다. 버클리대학교의 경영학 교수 돈 무어Don A. Moore는 이렇게 말합니다. "자신만만한 사람은 자기 일에 대해 잘 알고 있다는 믿음을 불어넣는다. 말투에서 자신에 대한 확신이 느껴지기 때문이다."◆ 이런 태도가 정치적, 사회적 사안에 대한 공공의 논의로 광범위하게

◆ 돈 무어Don A. Moore, "Donald Trump and the irresistibility of over confidence(도널드 트럼프와 과신의 불가항력)",《포브스Forbes》, 2017년 2월 17일.

스며들어, 중간 입장에 서는 것을 허용하지 않는 지경까지 왔습니다. 항상 확고한 의견을 고수해야만 하는 사회가 된 것이죠. 하지만 이런 일은 과학적 진보를 불가능하게 합니다. 과학에서는 항상 새로운 증거를 열린 마음으로 받아들이고, 그에 따라 생각을 바꿀 수 있어야 하기 때문이죠. 과학 문화에서는 자신의 실수를 인정하는 것을 오히려 고결한 일로 받아들이는 경향이 있습니다.

과학에서는 실수를 저지름으로써 지식을 개선하고 세상에 대한 이해를 증진시켜 나갑니다. 실수를 인정하지 않는다는 것은 현재의 이론을 절대 더 나은 이론으로 대체하지 않고, 우리 이해의 혁명을 절대 인정하지 않겠다는 의미입니다. 절대적 확실성을 거부하는 것과 마찬가지로, 자신의 실수를 인정하는 것 역시 과학적 방법론의 약점이 아니라 강점입니다. 잘못안 것이 있으면 있다고 정치인들이 과학자들만큼 정직하게 인정할 때 세상이 얼마나 좋아질까 상상해보세요. 자신의 생각이 틀렸음이 드러났을 때 기꺼이 인정한다면 토론과 논쟁이 얼마나 건강해질까요? 인지부조화가 아무리 불편하더라도 사안의 진실에 도달하는 일을 토론에서 점수를 따거나 논쟁에서 이기는 일보다 우선으로 삼아야 합니다.

인지부조화는 치료가 필요할 정도로 특이한, 혹은 비

전형적인 정신 상태가 아닙니다. 오히려 모든 사람이 어느 정도는 경험하는 자연스러운 인간의 본성입니다. 삶은 서로 충돌하는 생각과 감정으로 가득합니다. 우리가 친구나 사랑하는 이와 말싸움을 벌이고, 자신이 내린 결정에 대해 의심과 후회를 하고, 하지 말아야 하는지 아는 행동을 저지르는 것도 다 그런 이유 때문이죠. 인지부조화가 인간의 본성이라고 해서 극복하려는 노력을 할 필요도 없다는 의미는 아닙니다. 인지부조화는 우리가 합리적으로 생각하고 있지 않으니, 인생에서 올바른 판단을 내리길 원한다면 관점을 분석해서 합리성을 되찾아야 한다고 알려주는 신호입니다. 인지부조화는 마음을 불편하게 만듭니다. 그런 불편함을 해소하고 모순을 제거하는 가장 쉬운 방법은 자신이 올바른 선택을 내리고 있다고 스스로를 설득하는 것입니다. 자신의 내부 신념이나 감정과 충돌하는 외부세계의 증거를 무시하거나 경시함으로써 말이죠. 하지만 그보다는 자신의 인지부조화를 정면으로 마주하며 논리적으로 분석해 보아야 합니다. 이것이 마음을 더 불편하게 만들 수는 있지만, 장기적으로는 더 이로운 결과를 가져옵니다.

　　요즘에는 인지부조화에 대한 대처법을 탐구할 필요가 어느 때보다 커지고 있습니다. 우리 시대, 우리 문화에서는 인지부조화가 전례 없이 심각해졌기 때문입니다. 잘못된 정보가 널리 퍼지고 음모론을 지지하는 사람이 많아지는 일은 세상이 크나큰 도전에 직면한 시기에 발생합니다. 일례로, 코로나 팬데믹 기간 동안 정말 많은 사람이 인지부조화를 느꼈습니다. 자유를 제한하는 공중보건 권고사항에 따라 행동할 것이냐, 아니면 구속받지 않는 삶을 살고자 히는 인간의 자연적 욕구에 따라 증거를 부정하거나 그 중요성을 경시할 것이냐를 선택해야 하는 갈등에 직면했을 때 말이죠. 과학계의 권고와 정부의 권고가 엇박자를 낼 때도 아주 불편하게 느끼는 사람이 있었을 것입니다. 이런 상황에 마주하면 큰 혼란을 느낄 수 있지만 이때야말로 틈을 내서 자신이 무엇을 믿는지, 왜 그것을 믿는지 분석해보아야 할 시간입니다. 이것이 당신이 내리는 결정의 밑바탕이 될 것이기 때문입니다. 이런 분석을 하면 신뢰할 만한 새로운 증거에 비추어 항상 변화에 열린 마음을 유지하면서 이성에 따라 결정을 내릴 수 있습니다.

자신이 틀릴 때가 있음을 인정하는 것은 세상을 더욱 깊이 이해하고, 세상에서 자신이 차지하고 있는 위치를 더욱 잘 이해하는 방법입니다. 그렇게 한다면 아주 큰 마음의 보상이 뒤따를 수 있습니다. 오스카 와일드Oscar Wilde는 이렇게 지적했습니다. "일관성은 상상력이 없는 자들을 위한 마지막 도피처다." 일관성과 확실성에 대한 욕망에서 자유로워지는 것이 항상 쉽지만은 않습니다. 이것은 모든 사람에게 해당하는 이야기죠. 이런 경우에는 상황을 분리해서 바라보는 것이 도움이 됩니다. 확실성에 대한 의식을 떨쳐버리세요. 처음에는 불편할 수 있지만, 결국 거기에 적응이 되면 항상 확실성만 주장하는 사람이 더 불편하게 느껴질 것입니다. 인내심을 갖고 자기와 생각이 다른 사람의 관점과 주장에 귀를 기울여보세요. 질문을 던져보세요. 시간을 투자해서 신뢰할 만한 출처에서 나온 증거를 찾아 이해해보세요. 확실성을 경계하세요. 자신의 불확실성에 열린 마음을 갖고 있는, 더 나아가 자신의 불확실성을 수량화할 수 있는 사람을 신뢰하세요. 볼테르Francois-Marie Arouet Voltaire는 이렇게 말했습니다. "의심은 유쾌한 상태가 아니지만 확실성은 부조리하다." 기억하세요. 당신이 틀렸다면 용감하고 고결하게 그것을 인정해야 합니다. 그리고 그렇게 할 수 있는 용기와 진실성을 가진 다른 이들을 소중하게 여기세요.

8

우리가 원하는 현실을
만들기 위해

8

2020년 미국 대통령 선거의 여파는 분명 소셜미디어 주도의 허위정보disinformation가 성행한 시기를 설명하며 역사에 기록될 것입니다. 미국에서 11월 대선이 치러진 후 몇 주에 걸쳐, 재선에 나선 도널드 트럼프Donald Trump에게 투표한 많은 미국인이 민주당 후보 조 바이든Joe Biden이 확실하게 승리한 선거 결과◆를 받아들이지 않았습니다. 소셜미디어에서 부정선거 의혹이 쏟아졌고(주로 트럼프 전 대통령 본인이 관련 글을 많이 썼습니다), 그 어떤 신뢰할 만한 증거가 없음에도 수백만 명의 투표자가 이것을 반박의 여지가 없는 사실이라 굳게 믿었습니다. 이들은 증거 대신 전해들은 말, 소문, 노골적인 음모론을 믿음의 근거로 삼았죠.

◆　물론 제가 얻을 수 있는 모든 증거와 정보를 바탕으로 판단했을 때 그렇다는 의미입니다.

이런 일이 벌어지는 동안, 전 세계 수백만 명의 사람은 코로나 팬데믹에 대한 터무니없는 이론들을 그대로 받아들였습니다. SARS-Cov2 바이러스가 세계 인구를 조절하기 위해 중국 또는 미국의 실험실◆에서 인공적으로 만들어진 것이라는 둥, 5G 네트워크를 통해 전파되며 마스크에서 활성화된다는 둥, 빌 게이츠Bill Gates 같은 억만장자 권력자가 우리 정신을 지배하려는 국제적 음모에 어떤 식으로든 가담하고 있다는 둥, 온갖 낭설이 떠돌았죠. 수억 명의 인구가 코로나바이러스에 감염되고, 수백만 명이 사망했음에도 팬데믹 자체가 가짜 뉴스라 믿는 사람도 많았습니다. 이 현상은 새로운 형태의 유아론solipsism◈에 비유되었습니다. 많은 사람이 거짓된 이야기와 잘못된 정보를 기반으로 구축한 자기만의 평행현실parallel reality에 살고 있고, 이런 평행현실이 실제 현실 위에 중첩되어 있다는 것이죠. 하지만 이 세상은 모든 가능한 결과가 다중우주multiverse 안에서 현실화될 수 있는 양자물리학의 세계가 아닙니다. 우리가 일상에서 접하는 현실은 아원자입자의 세상과

◆　　실험실 국적은 이 음모론 지지자들의 거주지에 따라 달라졌습니다.

◈　　실재하는 것은 자아뿐이고 다른 모든 것은 자아의 관념이나 현상에 지나지 않는다는 견해입니다.

는 다르죠. 우리에게는 하나의 현실만 존재할 수 있습니다.

사람들이 이런 말도 안 되는 가짜 이야기를 믿는 경향을 보이는 것이 불안한 현상일까요? 물론입니다. 하지만 이것이 과연 놀라운 일일까요? 아닙니다. 음모론을 새로운 현상이라 보기는 힘듭니다. 다만, 지금은 음모론이 소셜미디어 등을 통해 전파되는 속도가 놀라우면서도 끔찍할 정도로 빨라졌습니다.

과학자에게는 자신이 세상에 대한 객관적 진리를 찾는 사람이라는 자부심이 있습니다. 이것은 생각처럼 간단한 일만은 아닙니다. 확증편향과 인지부조화 같은 장애물이 여느 사람에게나 그렇듯이 과학자에게도 영향을 미칠 수 있으니까요. 어떤 사건이나 일상의 이야기에 관한 진실을 밝히려 할 때에는 상황이 더 복잡해질 수 있습니다. 예를 들어, 뉴스 보도는 정확한 사실을 전달하면서도 동시에 편향적이고 주관적일 수 있습니다. 사실 뉴스 네트워크, 신문, 웹사이트 등은 모두 동일한 사건을 정확하게 전달하는 한편, 일부 측면은 강조하고 과장하는 반면에 다른 측면은 경시함으로써 엄청나게 다른 해석을 이끌어낼 수 있습니다. 고의로 진실을 호도하거나 거짓말을 하지는 않는다 하더라도, 이들은 이데올로기적·정치적 입장에 따라 각자 다른 색안경을 끼고 사건을 바라보고 이야기를 전달할 것입니다. 이 역시 새로운 현상은 아닙니다. 우리가 성실하기만 하면 다양한 정보원으로부터 소식을 취합해서 균형 잡힌 시각을 확립할 수 있을 것입니다. 실제로 그렇게 하는 사람은 별로 없지만 말이죠. 하지만 악의에 찬 가짜뉴스나 고의로 왜곡된 사실을 전달하는 허위정보가 퍼지는 경우라면, 우리는 반드시 이와 맞서 싸워야 합니다. 이것은 그냥 잘못된 정보misinformation나 편향된 뉴스와는 다른 차원의 문제입니다.

의도적으로, 혹은 무심하게 전달되거나 퍼지는 거짓 정보false information가 오늘날의 새로운 디지털 기술로 인해 생겨난 것은 아닙니다. 하지만 최근에 들어 이에 의해 증폭된 것은 분명한 사실이죠. 그렇다면 여기에 어떻게 대처해야 할까요? 앞 장에서 자신의 편견을 검토하고 객관적 증거를 요구함으로써 자신이 듣고 읽는 내용에 의문을 제기하는 방법에 대해 논의한 바 있습니다. 하지만 이런 방법의 권유로 음모론자들의 생각을 정말로 바꾸어놓을 가능성은 높지 않습니다. 결국에는 사회 전체가 집단적으로 허위정보와 싸울 방법을 찾아내야 할지도 모릅니다. 거짓말과 잘못된 정보가 퍼져 우리의 생각과 의견을 오염시키는 일을 막기 위해 더 엄격한 법안과 규제를 마련해야 할지도 모르죠. 정보를 전파하는 데 사용되는 기술이 점점 정교해짐에 따라, 슬픈 일이지만 이런 문제도 하루가 다르게 심각해지고 있습니다. 조작된 이미지, 동영상, 오디오는 이미 진짜와 구분하기가 거의 불가능해진 단계에 있고, 가용 기술이 많아짐에 따라 가짜뉴스를 만들고 전파하기도 점점 쉬워지고 있습니다. 가짜와 진짜를 구분하는 기술을 속이기도 쉬워지고 있죠. 따라서 잘못된 정보와 가짜뉴스에 대처할 방법과 전략을 최대한 빨리 찾아내야 합니다. 이를 위해서는 기술적 해법과 함께 사회적, 법률적 변화가 필요할 것입니다.

요즘에 들리는 인공지능artificial intelligence 알고리즘이나 기계학습machine learning 관련 이야기는 정보 필터링을 통해 광고주가 마케팅 표적을 더 쉽게 찾도록 해준다는 부정적인 맥락을 띠는 경향이 있습니다. 이보다 훨씬 더 심각한 문제는, 이 기술이 가짜를 진짜와 거의 구분하지 못하게 만듦으로써 잘못된 정보를 전파하는 데도 사용된다는 점입니다. 하지만 인공지능을 좋은 방향으로 사용할 수도 있습니다. 인공지능이 우리를 대신해서 정보를 확인하고, 평가하고, 걸러내게 만들 수도 있죠. 머지않아 거짓 정보를 퍼뜨리거나 진실을 호도하는 온라인 콘텐츠를 확인, 차단, 제거하는 발전된 알고리즘이 개발될 것입니다. 현재 우리는 서로 반대 방향으로 향하고 있는 기술의 발전을 목격하고 있는 셈입니다. 설득력 있는 거짓 정보를 만들기도 점점 쉬워지고 있지만, 같은 기술을 이용해서 그런 정보를 찾아내는 일도 가능하죠. 결국 서로 경쟁하는 이 두 힘(선한 힘과 사악한 힘) 중 어느 쪽이 승리할지는 우리의 대응에 달려 있습니다.

물론 비관주의자들은 우리가 결국 어느 쪽의 진실과 함께하게 될지 물을 것입니다. 이 문제에 대해 일부에서는 심지어 진실보다 개인의 자유를 더 가치 있게 여겨야 한다고 주장하기도 하죠. 이들은 검열과 대중감시가 강화되면 사회가 받아들여야 하는 '공인된 진실'이 생겨날 것이라고 말합니다. 또 거짓정보를 걸러내는 기술이 페이스북이나 트위터처럼 막강한 힘을 가진 존재에 의해 집행된다며 우려하기도 하죠. 이들 자체도 완전히 객관적이지 않고, 자기만의 이해관계나 정치적 이데올로기를 갖고 있을 수 있기 때문입니다. 그럼에도 거대한 소셜미디어 플랫폼에서 사회에서 도덕적으로 바람직하지 못하다고 여겨지는 온라인 콘텐츠(폭력 선동, 위험한 이데올로기, 인종차별, 여성혐오, 동성애혐오, 증거로써 거짓으로 증명되는 정보 등)에 대처하기 위해 더욱 정교한 알고리즘을 채용하기 시작한 것은 분명 고무적인 일입니다. 하지만 이런 책임을 거대한 권력을 가진 민간기관에 외주outsourcing하는 것은 결국 장기적으로 바람직하지 않을지도 모릅니다. 이들은 결국 이윤 창출을 위해 존재하기 때문입니다. 어쩔 수 없이 민간 영역을 활용할 수밖에 없다면, 그 조직들이 우리를 대신해서 취하는 조치에 대해 책임지도록 할 확실한 방법을 찾아야 할 것입니다.

정보의 참과 거짓을 판단하는 능력을 갖춘 시스템은 내재적으로 편향될 수밖에 없다는 주장도 있습니다. 이런 시스템을 설계하는 인간 자체가 자기만의 가치관과 편향을 갖고 있다는 것이죠. 이 말이 사실이기는 합니다. 하지만 이런 주장은 너무 도가 지나친 경향이 있어서 저 개인적으로는 받아들이지 않습니다. 인공지능은 보다 정교해지면서 분명 거짓을 솎아내고 증거에 근거한 사실을 확인하는 데 도움을 줄 것입니다. 하지만 오히려 불확실성, 주관성, 미묘한 뉘앙스를 더 두드러져 보이게 만들 수도 있습니다. 영국 텔레비전에서 방송하는 유명한 코미디 프로그램을 보면, 컴퓨터가 내린 판단에 의존하는 한 고객서비스 담당 직원은 고객이 매우 합리적인 요구를 할 때도 항상 이런 말로 응대합니다. "컴퓨터가 안 된대요." 현재의 기술은 이런 수준을 뛰어넘었습니다. 최근의 발전으로 머지않아 인공지능은 도덕적, 윤리적 사고를 알고리즘에 포함해서, 표현의 자유를 보호하는 동시에 거짓 이야기와 잘못된 정보를 가려내 차단하는 역할도 할 수 있을 것입니다. 우리는 편향을 통제해야 하므로, 정확히 어떤 도덕과 윤리를 이 알고리즘에 집어넣을 것인지 사회 전체가 반드시 공개적이고 집단적인 논의를 거쳐야 합니다. 종교적 신념과 세속적 신념의 충돌은 어떻게 해야 할까요? 또 문화적 규범은 어떻게 해야 할까요? 어떤 사람은 용인 가능한 것, 혹은 더 나아가 반드시 필요한 것으로 받아들이는 도덕적 기준을 어떤 사람은 터부taboo에 해당하는 것으로 여기기도 합니다.

거짓에서 진실을 가려내려는 노력을 불신하는 사람은 언제나 있기 마련입니다. 어떤 면에서 이는 불가피합니다. 패배를 인정해서가 아니라, 그저 현실을 직시해서 하는 말입니다. 세상 모든 사람을 설득하기를 바랄 수는 없습니다. 하지만 우리 사회는 자신의 비윤리적인 목적을 위해 거짓말이나 잘못된 정보를 퍼뜨리는 데 열심인 사람이 영향력을 행사할 수 있는 위치에 오르지 못하게 막아야 할 책임을 갖고 있습니다. 그런 일은 지대한 영향을 미칠 수 있고, 잠재적으로 인류의 미래를 바꾸어놓을 수 있기 때문입니다. 역사를 보면 힘으로, 혹은 강압이나 거짓말로 수백만 명의 사람이 자신을 추종하게 만들었던 폭군, 정치 지도자, 거짓 예언자가 있습니다. 이런 사람은 항상 우리 주변에 있습니다. 하지만 우리는 이런 사람이 과학과 기술을 무기 삼아 자기 계획을 추진하는 일을 막아야 합니다.

여기서 얻을 수 있는 교훈은 무엇일까요? 앞선 장에서는 매번 긍정적인 표현으로 마무리를 지으려 노력했지만, 이번 장에서는 다소 암울한 그림을 그렸습니다. 우리는 과연 미래에 진실이 거짓을 이기고 승리하기를 바랄 수 있을까요? 보통 상황이 좋아지기 전에는 더 나빠진다고 하지만, 현재 우리는 이 문제를 해결할 도구를 개발하는 중입니다. 여기서 다시 과학적 방법론을 거울삼을 수 있습니다. 어떤 정보에 그것을 뒷받침하는 증거가 있다고 하면 그 증거의 질을 평가해볼 필요가 있죠. 이를테면, 그 증거에 '신뢰수준' 수치를 매기는 것도 방법입니다. 주장을 내놓을 때는 그와 관련된 불확실성도 포함하려 노력해야 합니다. 과학자라면 측정점에 오차막대를 표시하는 방법을 알고 있고, 이 방법을 활용합니다. 일상에서도 새로운 정보와 마주할 때 이와 비슷한 일을 해야 하죠. 실제로 오차막대를 추가해야 한다는 말은 아니고, 그런 정신을 갖추어야 한다는 의미입니다. 이를 위해서는 '신뢰지수trust index'를 제공할 인공지능 기술을 개발할 필요가 있습니다. 이 지수는 정보의 진실성이 그 출처의 신뢰성과 어떻게 연결되는지 보여줍니다. 미디어든 웹사이트든 소셜미디어의 인플루언서든 거짓뉴스를 퍼뜨리는 존재로 평가된 출처는 신뢰지수 아래쪽에 자리 잡게 될 것입니다.

시맨틱 기술semantic technology에서도 발전이 이루어지고 있습니다. 시맨틱 기술의 목표는 인공지능이 응용프로그램 코드application code와 별개로 의미를 부호화하여, 데이터를 해석하고 진정으로 이해할 수 있도록 돕는 것입니다. 시맨틱 기술은 기계가 전통적으로 데이터를 해석하던 방식과 근본적으로 차이가 있습니다. 전통적 해석 방식에서는 인간 프로그래머가 의미와 상관관계를 직접 코딩해서 넣었죠. 기계학습과 마찬가지로 시맨틱 기술은 인공지능이 진정한 의미의 지능을 가질 수 있게 도와줍니다.

그런데 가짜뉴스와 잘못된 정보라는 문제가 기술만의 잘못이 아니듯, 이런 문제에 대한 해결책도 기술의 발전만으로는 달성할 수 없습니다. 이것은 사실 사회적 문제이며, 기술은 이것을 증폭시켜놓았을 뿐입니다. 그런 만큼 사회적 해법 역시 필요하죠. 통계학자 데이비드 스피겔홀터David Spiegelholter는 잘못된 정보에 대한 사람들의 탄성회복력을 알려주는 가장 큰 예측변수는 수리감각numeracy이라고 말합니다. 그 말은 곧, 데이터와 통계학에 대해 어느 정도의 이해력을 갖고 있는 것이 도움이 된다는 뜻입니다. 이런 이해력을 '정보활용능력 information literacy'라고 하죠. 한 가지 문제는 언론인과 정치인이 데이터와 연구 결과를 명확하고 정확하게 전달할 수 있는 훈련이 안 되어 있다는 것입니다. 그들은 언제 정보가 필요한지, 또 어떻게 그것을 찾고 평가하고 효과적으로 사용할 수 있는지 인식할 수도 있어야 합니다. 우리 모두는 무엇을 믿고 무엇을 믿지 않을지를 전적으로 똑똑한 기술에 의존하여 선택하기보다는, 자신이 직접 비판적으로 사고하는 법을 배울 필요가 있습니다. 이를 위해서는 제도 안에서 이런 필수적인 교육을 해야 합니다. 흥미진진하고 멋진 기술만 배울 것이 아니라 더 나은 시민이 되는 법, 더 비판적으로 생각하는 법, 더 나은 정보활용능력을 갖추는 법도 배워야 할 것입니다.

하나의 사회로서 우리 모두는 과학적 방법론을 적용하는 법을 반드시 배워야 합니다. 부분적인 지식만 갖고 있는 정보에 대해서도 열린 마음을 유지하기 위해 복잡한 문제에 대처하고, 불확실성을 평가하는 메커니즘을 개발해야 하죠. 슬프게도, 날로 커지는 복잡성에 대처할 기술이나 능력을 갖추지 못한 사람이 상당히 많다는 것이 부정할 수 없는 사실입니다. 무지가 낙담과 환멸, 무력감으로 이어질 수 있다는 것 역시 그렇습니다. 이런 환경은 모두 잘못된 정보와 가짜뉴스가 자라고 퍼지는 온상이 될 수 있죠. 이 문제는 언제나 우리와 함께 있었고, 앞으로도 그럴 것입니다. 소문을 퍼뜨리고 이야기를 꾸며내고 사실을 과장하는 것은 모두 인간의 본성입니다. 권력을 잡고 있는 자들은 항상 정치적, 경제적 목적을 위해 사람들을 선동하거나 진실을 왜곡하죠. 하지만 기술의 발전으로 이런 문제들이 더욱 극심해졌음을 부정할 수 없습니다.

저는 언제나 낙관적인 사람이고, 인간의 선한 본성에 대한 믿음을 갖고 있는 편입니다. 인류는 항상 혁신과 창의성을 통해 문제를 극복할 방법을 찾아왔죠. 대체적으로 보면 세상을 더 나쁜 곳으로 바꾸기보다는 더 좋은 곳으로 바꾸어왔습니다.◆ 그래서 저는 기술로든 더 나은 교육으로든 우리가 해법을 찾아낼 것이라 확신합니다. 하지만 성공하기 위해서는 동기와 용기가 필요하죠. 우리는 현실을 위해, 진실을 위해 떨쳐 일어나야 합니다. 좋은 판단을 내리는 법을 배우고, 분석 능력을 키우고, 사랑하는 사람도 그렇게 할 수 있도록 도와야 합니다. 우리를 이끄는 지도자들도 그렇게 해야 하죠. 우리 모두는 좀 더 과학적으로 생각할 수 있어야 합니다. 이것이야말로 현실세계가 우리에게 던지는 도전을 더욱 잘 이해하고 견뎌내는 방법이며, 인생에서 더 나은 결정을 내리는 방법이니까요. 이것이 바로 우리가 자기 자신과 타인을 위해 원하는 현실을 만드는 방법입니다. 그런 세상에서 우리는 더 이상 어둠 속에서 그림자를 쫓는 동굴 속 죄수가 아닌, 더 자유롭고 계몽된 존재로 설 것입니다.

◆　이와 관련해 읽어보기 좋은 책으로 스티븐 핑커Steven Pinker의 2011년 저서 『우리 본성의 선한 천사The Better Angels of Our Nature』를 추천합니다.

마무리하며

이 책에서 저는 우리가 어떻게 하면 더욱 합리적인 삶을 살 수 있을지 고민해 보았습니다. 인류에게 과학적 사고방식의 진정한 가치는 무엇일까요? 제 생각에 이 질문에는 4개의 답변이 존재합니다.

첫째, 과학적 방법론을 개발하는 과정에서 인류는 세상의 작동 방식을 배우는 신뢰성 있는 방법을 창조해냈습니다. 인간의 약점을 고려하고 그 교정 수단을 내장한 방법이죠. 저는 이것이야말로 과학적 사고방식의 내재적 가치라 생각합니다. 우리는 과학적 접근 방식으로 세상을 탐구함으로써 결코 뒤집어지지 않을 심오한 진리를 밝혀냈습니다. 제가 몸담고 있는 물리학 분야에서 가장 중요한 개념 중 하나를 생각해 보죠. 아인슈타인의 중력이론은 뉴턴의 중력이론을 대체하고 우주의 구조에 대해 더욱 정확하고 근본적으로 설명해 주었습니다. 아인슈타인의 상대성이론조차 언젠가는 더욱 심오한 이론으로 대체될지 모릅니다. 하지만 지구가 태양의 주위를 도는 것이지 그 반대는 아니라는 사실, 태양은 우리은하에 속한 수천억 개 항성 중 하나라는 사실, 또 우리은하 역시 알려진 우주에 속한 수십억 개 은하 중 하나라는 사실은 결코 변하지 않을 겁니다. 우리는 세상에 대해 알아낸 내용뿐만 아니라 사고방식과 학습 방식도 시간과 공간을 초월하여 공유할 수 있죠. 이런 생각을 하면 가슴이 벅찹니다. 이것은 지식 자체에 대한 기록을 잃어버리는 일이 있더라도, 시간이 흐르면 과학적 방법론을 이용해서 그 지식을 다시 구축할 수 있다는 의미이기 때문입니다.

어쩌면 과학이 안겨준 이 지식 습득과 이해의 수단에 대해 당신은 저만큼 벅차게 느끼지 않을 수도 있겠습니다. 하지만 우리가 과학적 접근 방식을 소중히 여겨야 하는 두 번째 이유만큼은 그 누구도 부정할 수 없을 것입니다. 우리가 과학을 신뢰하는 이유는 과학이 제대로 작동하고 있고, 과학이 없었다면 우리가 지금 어떤 상황이었을지 잘 인식하고 있기 때문입니다. 사람들은 제게 어째서 양자역학처럼 직관적으로 말도 안 되는 미친 이론이 옳다고 확신하느냐고 묻습니다. 그럼 저는 이렇게 답합니다. 스마트폰을 좋아하시나요? 그 성능을 보면 놀랍지 않으십니까? 스마트폰이 존재하게 된 것이 모두 양자역학 덕분입니다. 스마트폰과 당신에게 익숙한 다른 현대적 전자장치 모두 그 안에는 가장 작은 척도에서 물질이 작용하는 방식을 이해하지 못했다면 구현이 불가능했을 기술이 집적되어 있습니다. 그런 이해는 양자역학이론의 개발과 적용으로 가능했죠. 따라서 이론 자체는 당혹스러울 정도로 이상해 보이더라도, 분명 제대로 작동합니다.

과학과 기술이 어떻게 서로 얽혀 있는지 잊어버린 사람이 너무 많습니다. 여기에는 과학자들 스스로 이 둘을 분리해서 생각하는 경향이 있다는 점도 한몫하고 있죠. 우리는 과학은 지식의 창조인 반면, 기술은 그런 지식의 응용이라고 주장해왔습니다. 하지만 칼로 무 자르는 듯한 이런 식의 구분이 항상 옳은 것은 아닙니다. 기존에는 알지 못했던 것을 알아가는 과정만이 과학은 아니죠. 학교 실험실에서든 기업체 실험실에서든, 우리는 화학물질을 혼합하는 것을 '과학'이라고 부릅니다. 기존의 지식을 응용해서 더욱 효율적인 레이저를 설계하거나 더 나은 백신을 개발하는 것 역시 '과학'이라고 부릅니다. 하지만 이런 사례들에서 세상에 대한 새로운 지식을 얻는 것은 아닙니다. 따라서 과학의 의미를 그렇게 협소하게 정의하는 것은 잘못된 일입니다. 과학을 응용하는 것 역시 과학입니다.

우리는 과학이 가치중립적이라 주장합니다. 그 자체로는 선하지도 악하지도 않다는 것이죠. 문제는 우리가 과학을 사용하는 방식 때문에 일어난다고 하면서 말입니다. 아인슈타인의 방정식 $E = mc^2$은 빛의 속도로 물질과 에너지를 연결하는, 우리 우주에 관한 한 가지 사실에 불과합니다. 하지만 그 방정식을 이용해서 원자폭탄을 만드는 것은 완전히 다른 문제입니다. 아인슈타인이 아예 상대성이론을 발견하지 않았다면 더 좋지 않았겠느냐고요? 그럼 히로시마와 나가사키에 원자폭탄이 떨어질 일도 없지 않았겠느냐고요? 글쎄요. 아인슈타인이 상대성이론을 발견하지 않았다 해도 오래지 않아 다른 누군가가 발견했을 것이라는 주장도 있죠. 이런 주장은 차치하더라도, 과연 세상에 관한 진리를 모르는 편이 더 낫다고 할 수 있을까요? 물론 그렇지 않습니다. 아인슈타인의 방정식이, 과학적 지식이 인류에게 악행의 잠재력을 부여한 사례인 것은 맞습니다. 하지만 그렇다고 과학적 지식 자체가 사악하다거나, 그 지식을 몰라야 더 나은 세상이 된다는 의미는 아니죠.

과학이 없었다면 나날이 늘어나는 전 세계 인구를 먹여 살릴 수도 없고, 더 행복하게 장수하는 삶을 살 수도 없으며, 집 안에 조명과 난방을 들일 수도 없었을 것입니다. 서로 소통하고, 세계 여행을 하고, 우주로 나갈 수도 없었겠죠. 위대한 문명과 민주주의를 구축하고, 우리의 몸을 이해하고, 우리를 질병으로부터 보호해줄 약물과 백신을 개발하고, 수백만 명의 사람을 고된 노동에서 해방시켜 예술, 문학, 음악, 스포츠를 즐기도록 만들 수도 없었을 것입니다. 과학 없이는 현대세계 자체가 없었을 것이고, 우리 종의 미래도 없을 것이라고 말할 수 있습니다. 따라서 과학은 단순한 지식의 추구를 넘어서는 것임을 잊지 말아야 합니다. 과학은 우리가 생존하고 더 만족스러운 삶을 살게 해주는 수단입니다.

과학적 사고방식의 세 번째 가치는 이 책의 주제로 다루었던 것입니다. 바로 우리가 과학을 하는 방식이죠. 세상에 대해 호기심을 느끼고, 합리적이고 논리적으로 생각하고, 개념들에 대해 토론하고 논의하고 비교하고, 불확실성을 가치 있게 여기고, 우리가 알고 있거나 알고 있다고 생각하는 것에 의문을 품고, 자신의 편견을 인정하고, 신뢰할 수 있는 증거를 요구하고, 누구 혹은 무엇을 신뢰해야 하는지 배우는 등 과학의 모든 특성과 관습 말입니다. 이런 것은 모두 일상생활에서도 이롭게 작동할 수 있습니다. 더 많이 이해하고 더 많이 계몽될수록 합리적인 판단을 내리기에 더 좋은 위치에 서게 되고, 이런 판단이 우리 자신과 우리가 아끼는 사람들에게 도움이 될 것입니다.

마지막으로 과학적 사고방식의 네 번째 가치에 대해 이야기하겠습니다. 저는 이렇게 주장합니다. 지금까지 과학은 지식의 폭과 복잡성 면에서 크게 성장해왔고(완벽과는 거리가 멀고, 앞으로도 영원히 그럴 테지만 말이죠), 우리에게 그 모든 놀라운 기술적, 사회적, 의학적 발전을 가져다주었으며, 이러한 지식을 얻는 데 사용된 과학적 방법론도 복잡하게 뒤엉킨 풍부한 화려함을 가지고 있습니다. 하지만 이 모든 사실에도 불구하고 과학의 진정한 아름다움은 그것이 우리에게 정신적 풍요로움을 준다는 데 있습니다. 칼 세이건의 말처럼, 과학은 우리에게 "우월감과 겸손이 결합된 분명히 영적인 느낌"을 줍니다.

우리는 시간의 흐름 속에서 놀라운 진화적 성공을 거둔 종입니다. 집단지식을 통해 막강한 힘과 잠재력을 얻었습니다. 그럼에도 우리는 취약한 종입니다. 또한 성미가 까다로운 종이죠. 우리가 축적해온 과학 지식, 과학을 통해 발전시켜온 기술은 널리 평등하게 공유되지 못했습니다. 하지만 사물을 보고, 생각하고, 이해하는 놀라운 방법인 과학적 접근 방식은 인류의 가장 큰 재산 중 하나이자 모든 사람의 타고난 권리입니다. 가장 놀라운 점은 이것은 더욱 널리 공유될 때 그 질과 가치가 더욱 높아진다는 사실입니다.

무지개가 그저 예쁜 색깔의 원호만은 아니듯, 과학 역

시 그저 객관적 사실과 비판적 사고로 얻는 교훈만은 아닙니다. 과학은 제한된 감각을 넘어, 선입견과 편향을 넘어, 두려움과 불안을 넘어, 무지와 약점을 넘어, 더 넓은 세상을 볼 수 있는 방법을 제공합니다. 과학은 우리가 더욱 깊어진 이해의 렌즈로 세상을 볼 수 있게 해주고, 빛과 색, 아름다움과 진리로 이루어진 세상의 일부가 될 수 있게 해줍니다.

다음에 무지개를 볼 때 당신은 주변 사람들은 모르는 무언가를 알고 있을 겁니다. 그것을 비밀로 감추고 옆에 서 있는 사람들에게 알려주지 않으실 건가요? 당신이 아는 내용을 말하면 무지개의 마법이 망가질까요? 아니면, 지식을 나누는 기쁨을 느끼게 될까요?

무지개 끝에서 보물단지를 찾을 수는 없습니다. 무지개에는 사실 끝이 없죠. 하지만 자기 내면에 숨어 있는 풍요로움을 찾을 수는 있습니다. 세상을 더욱 계몽된 방식으로 생각하고 바라볼 수 있게 되죠. 이제 당신은 이 방식을 일상에서 체화해 사용할 수 있고, 당신이 아는 사람이나 사랑하는 사람과 공유할 수도 있습니다. 그것이야말로 진정한 경이로움이죠. 그것이 바로 과학의 기쁨입니다.

용어 해설

. . . . .

가치중립성 Value neutrality

과학자들이 자신의 연구와 관련해서 달성하려고 하는 상태를 말합니다. 객관적이고, 공정하고, 자신의 개인적 가치관이나 신념에 영향을 받지 않는 상태죠. 과연 과학이 진정으로 가치중립적일 수 있는지 여부는 계속해서 논란의 주제가 되고 있습니다. 과학자 개인은 아무리 노력해도 전적으로 가치중립적일 수 없지만, 외부의 물리적 세계에는 분명 가치중립적인 사실이 존재합니다('과학적 진리'와 '객관적 실재' 참고). 그 예로는, DNA의 구조나 지구에 대한 태양의 상대적 크기 같은 것이 있죠.

객관적 실재 Objective reality

인간의 정신과는 독립적으로 외부의 물리적 세계가 존재한다는 개념입니다. 우리가 인지하는 세상이 결코 궁극의 실재는 아닐지 모르지만, 우리가 그 궁극의 실재를 온전히 알 수 있든 없든 저 바깥에는 실제 세상이 존재한다는 생각이죠. 1920년대에 양자역학의 의미와 관련해서 의문이 제기된 이후로 객관적 실재의 존재 여부는 진지한 토론의 주제였습니다. 이 토론은 물리철학 분야에서 계속 이어지고 있습니다.

과학적 방법론 Scientific method

세상에 대한 지식을 습득하는 방법으로, 17세기 현대과학의 탄생 이후로 과학을 수행하는 방식의 전형적 특징으로 자리 잡았습니다. 프랜시스 베이컨 Francis Bacon과 르네 데카르트 René Descartes 같은 학자들의 연구에 힘입은 바가 큽니다. 하지만 그 뿌리는 11세기 아랍의 학자 이븐 알-하이삼 Ibn al-Haytham으로 거슬러 올라갑니다. 과학적 방법론은 가설의 수립, 꼼꼼한 관찰과 측정을 통한 검증, 주장하거나 관찰하는 내용에 대한 엄격한 회의론의 적용으로 이루어집니다. 과학적 방법론을 실천하는 데는 정직, 편향의 제거, 반복성, 반증가능성, 불확실성과 실수에 대한 인정 등이 필요하죠. 과학적 방법론은 세상에 대해 학습하는 방법 중 가장 믿을 만한 방식입니다. 주관성이나 사람의 실수와 약점을 보상할 수 있는 여러 가지 수정 메커니즘이 내장되어 있기 때문입니다.

과학적 불확실성 Scientific uncertainty

측정치가 취할 수 있는 값의 범위를 일컫는 용어로, 관찰이나 측정, 혹은 이론의 정확도에 대한 신뢰도를 알려줍니다. 더 신중하게 측정하거나 이론을 개선하면 이런 불확실성을 줄일 수 있습니다. 이와 관련된 용어로 측정의 '오차error'가 있습니다. 이것은 측정이 틀렸음을 의미하는 것이 아니라, '오차 범위margin of error'를 일컫는 용어입니다. 모든 과학자는 불확실성을 수량화하기 위해 측정점에 오차막대를 추가하는 법을 훈련받습니다.

과학적 진리 Scientific truth

과학자와 철학자는 과학적 진리가 과연 존재하는지 여부를 두고 오랫동안 논쟁을 벌였습니다. 어떤 사람은 과학적 진리를 결코 도달할 수 없는 플라톤의 이데아idea라 여기거나, 심지어 아예 존재하지 않을지도 모른다고 생각합니다. 또 어떤 사람은 우리가 온전히 이해할 수 있는지 여부와 상관없이 실재의 진정한 본성이 실제로 존재한다고 주장합니다. 이들은 설명, 이론, 관찰을 통해 소위 이 '과학적 진리'에 최대한 가까이 다가가려 노력하는 것이 과학의 임무라고 말하죠. 이 과학적 진리의 의미가 도덕적 진리, 혹은 종교적 진리와는 다르다는 점에 주의하세요.

귀납법의 문제 Problem of induction

귀납법은 축적된 관찰 증거를 바탕으로 결론에 도달하는 과학적 추론 방식입니다. 귀납법의 단점(귀납법의 문제)은 확실한 결론에 도달하기 위해 얼마나 많은 증거가 필요한지, 그 증거의 질은 어때야 하는지 알 수 없다는 것입니다.

기준틀 독립성 Reference frame independence

주로 물리학에서 사용되는 개념으로, 어떤 양이나 현상이 다른 기준틀이나 관점에서 보아도 고정된 값이나 속성을 갖는 경우를 말합니다. 가장 유명한 사례는 진공 속 빛의 속도입니다. 빛의 속도는 물질로 이루어진 물체의 속도와 달리 관찰자의 속도에 좌우되지 않습니다. 일반적으로 기준틀 독립성의 개념은 외부의 객관적 실재에 적용할 수 있습니다. 과학자들은 객관적 실재를 자신의 주관적 경험과는 독립적으로 이해하려 하죠.

더닝-크루거 효과 Dunning-Kruger effect

사회심리학자 데이비드 더닝과 저스틴 크루거가 기술한 인지편향의 일종으로, 제한된 지식과 능력을 갖고 있는 사람이 자기가 실제보다 더 똑똑하고 능력이 있다고 믿는 것을 말합니다. 낮은 인지 능력과 빈약한 자기인식이 결합되면서 자신의 단점을 알아차릴 수 없게 되는 것이죠. 역으로 능력이 뛰어난 사람은 타인의 무능력을 알아차리지 못하고 오히려 자신의 능력을 과소평가하는 경향이 있습니다. 하지만 더닝-크루거 효과가 데이터가 만들어낸 가공의 산물에 불과하다는 연구도 있습니다.

도덕적 진리 Moral truth

우리는 어떤 진술이 현실과 부합하면 그것을 '진실' 혹은 '진리'라 말합니다. 철학에서는 이것을 '진리대응론correspondence theory of truth'이라고 합니다. 진실이 객관적 사실과 부합한다는 뜻이죠. 도덕적 진리는 정의하기가 더 모호하고 어렵습니다. 절대적인 도덕적 진리의 존재 여부는 모든 맥락, 문화, 시대, 인종을 초월해서 적용할 수 있는 보편적 윤리 기준이 존재한다고 믿느냐에 달려 있습니다. 예를 들어, 살인은 나쁘다는 것이 그런 보편적 윤리 기준에 해당합니다. 이러한 도덕적 진리는 다시 윤리법칙 혹은 종교경전에 근거를 두게 되거나, 강력한 신념이나 가정교육에 의해 타협 없이 충실히 지켜지죠. 이와는 대조적으로, 상대적인 도덕적 진리(도덕적 상대주의)는 주관적이며 맥락에 좌우됩니다(예를 들면, 일부다처제를 안 좋게 바라보는 사회가 많지만, 인정하고 받아들이는 사회도 있습니다). 하지만 이런 정의도 특별히 도움이 되지는 않습니다. 누군가 절대적인 도덕적 진리라 여기는 것을 다른 누군가는 상대적인 것으로 여길 수도 있기 때문이죠.

동굴의 비유 Allegory of the cave

그리스 철학자 플라톤이 기원전 375년 즈음에 소크라테스식 대화법으로 쓴 저서 『국가론The Republic』에서 제시한 비유로, 무지를 극복하는 교육의 중요성을 강조하는 이야기입니다. 여기서 플라톤은 동굴에 사슬로 묶여 있다가 자유의 몸이 된 죄수가 바깥으로 나와 더 높은 수준의 현실을 목격하는 과정을 기술하고 있습니다.

말 그대로의 부정Literal denial

확실한 증거가 있음에도 불구하고 어떤 현상이 일어났거나 일어나고 있다는 사실 자체를 노골적으로 부정하는 경우를 말합니다. 이런 부정은 의도적일 수도 있고(아마도 이데올로기적 이유로 그럴 것입니다), 허위정보와 무지로 인한 것일 수도 있습니다. 가장 잘 알려진 사례로 나치의 유대인 탄압을 축소하거나 부정하는 홀로코스트 부정Holocaust denial이 있습니다.

무작위 대조군 실험Randomised control trial

인과관계를 연구할 때 편향을 최소화하기 위해 사용하는 과학적 방법론입니다. 일반적으로 새로운 치료법이나 약물 등을 검증할 때 통계적으로 유의미한 수의 비슷한 사람들을 두 집단에 무작위로 배정하는 형식으로 진행됩니다. 한 집단(실험군)은 실제 검증 대상인 치료법이 적용되는 반면, 다른 집단(대조군)은 가짜치료(위약)를 받거나 아예 치료를 받지 않습니다. 이 실험은 보통 이중맹검double blind

방식으로 진행됩니다. 그래서 연구가 마무리될 때까지는 실험자 자신도 어느 피실험자가 어느 집단에 속해 있는지 알 수 없죠. 추후 두 집단에서 나타나는 반응의 차이를 통계적으로 분석해서 그 치료법의 효율을 검증합니다.

문화상대주의 Cultural relativism

문화란 일군의 사람이나 사회 전체가 공유하는 믿음, 행동, 특징의 집합체를 말합니다. 이것은 전통, 관습, 가치관에 근거를 두고 있죠. 상대주의는 무언가가 참인지 거짓인지, 옳은지 그른지, 용납 가능한지 그렇지 않은지 여부가 모두 상대적이라는 관점입니다. 다시 말해, 모든 사람이 동의하는 객관적이고 절대적인 대답을 내놓을 수 있는 기준틀이나 관점은 존재하지 않는다는 주장이죠.

가장 기본적이고 긍정적인 형태의 문화상대주의는 서로 간의 차이에 대한 전반적인 관용과 존중이라고 생각할 수 있습니다. 다시 말해, 옳고 그름이나 비정상과 정상을 자신만의 기준으로 평가하지 않고, 다른 집단의 문화적 관행을 그들의 문화적 맥락 안에서 이해하려는 노력이죠.

하지만 상대주의가 사실주의realism와 충돌할 때 문제가 발생합니다. 18세기에 이마누엘 칸트Immanuel Kant는 자신의 책 『비판Critiques』에서 이에 대해 얘기했습니다. 거기서 그는 세상에 대한 경험은 자기가 갖고 있는 지식과 개념을 통해 중재된다고 주장했죠. 문화상대주의의 주장이 보편적이고 객관적인 도덕적 진리 따위는 존재하지 않는다고 하는 것이라면, 우리는 이런 개념이 객관적 실재와 과학적 진실에 대한 이성적 사고를 오염시키지 않도록 주의해야 합니다.

반증가능성 Falsifiability

논리적으로 가능한 관찰로 과학이론에 대한 모순을 지적할 수 있는 경우 그 과학이론은 반증가능성이 있다고 말합니다. 이 개념은 과학철학자 칼 포퍼가 '반증의 원리falsification principle'로 도입했습니다. 반증의 원리는 한 이론이나 가설이 과학적인지 아닌지 판단하는 방법입니다. 과학이론으로서 자격을 갖추려면 반드시 검증 가능해야 하고, 잠재적으로 틀렸음이 입증될 수 있어야 합니다.

사전예방의 원칙 Precautionary principle

해를 끼칠 가능성이 있는 정책이나 혁신에 선제적으로 조심스럽게 다가가는 일반적인 철학적, 법적 접근 방식입니다. 특히 그 문제와 관련해 확실한 과학적 증거가 없을 때 적용합니다.

사회적 구성물 Social construct

독립적인 객관적 실재로 존재하지 않고, 인간의 상호작용과 경험 공유의 결과로 구축된 것을 일컫습니다. 과학적 방법론 자체는 사회적 구성물이지만, 과학적 방법론의 도움을 받아 우리가 축적한 과학적 지식은 사회적 구성물이 아닙니다.

신념집착 Belief perseverance

자신의 믿음과 분명한 모순을 일으키는 새로운 정보를 얻은 이후에도 처음에 가지고 있던 믿음에 고집스럽게 매달리는 경향을 말합니다.

오컴의 면도날 Ockham's razor

'최절약의 원리 principle of parsimony'라고도 합니다. 가장 단순한 설명이 보통 최고의 설명이라는 개념으로, 이에 따르면 절대적으로 필요한 것 이상의 가정을 세워서는 안 됩니다.

우월감 환상 Illusory superiority

자신의 재능과 능력을 다른 사람과 비교해서 과대평가하는 인지편향의 일종입니다. '더닝-크루거 효과'와 관련이 있습니다.

음모론 Conspiracy theory

어떤 현상이나 사건에 대해 일반적으로 인정되는 설명은 거부하고, 기관, 정부, 혹은 권력을 가진 이해집단이 은밀하고 사악한 이유로

은폐하고 억압해온 '진실'이라 주장되는 설명을 선호하는 논리를 말합니다. 주류과학의 증거로 뒷받침되는 설명도 거부하기는 마찬가지죠.

음모론은 반증을 무시합니다. 음모론이 틀렸음을 입증하는 증거나 음모론을 뒷받침하는 증거가 존재하지 않는다는 사실조차 음모론의 진실성을 입증하는 증거로 해석하는 경우가 많습니다. 이것이 음모론과 과학이론을 구분하는 차이죠. 음모론자들은 자신의 이론을 뒷받침하는 풍부한 증거가 있고 자신이 합리적으로 생각하고 있다고 확고하게 믿지만, 그들의 생각은 이성보다는 믿음에 더 가깝습니다.

인지부조화 Cognitive dissonance

서로 모순을 일으키는 두 개의 개념이나 신념과 마주했을 때 느끼는 정신적 불편을 일컫습니다. 보통 기존에 갖고 있던 강력한 신념이 새로 습득한 정보와 충돌할 때 나타납니다. 이 불편한 느낌을 해소하는 가장 쉬운 방법은 새로운 정보를 묵살하거나 그 중요성을 경시하여 자기가 이미 진실이라 믿고 있는 것에 매달리는 신념집착입니다('신념집착' 참고).

잘못된 정보 Misinformation

고의로 속이려는 의도에서 나온 것이든 아니든 간에 거짓된 정보나 진실을 호도하는 정보를 말합니다. 잘못된 의견에 기초한 가십이나 소문, 데이터로 뒷받침되지 않는 일화적 증거anecdotal evidence, 형편 없는 저널리즘, 정치적 선동에서 이면에 숨긴 다른 목적을 위해 일 부러 만들어낸 거짓말(허위정보)까지 모두 그 예에 속합니다.

재현성 Reproducibility

과학적 방법론에서 재현성이란 서로 다른 개인이 다른 장소에서 다 른 기구로 실험을 수행했을 때 그 결과들 사이에 나타나는 일치의 정도를 말합니다. 즉, 이것은 과학자들이 다른 과학자의 발견을 재 현할 수 있는 능력을 측정한 것입니다. 재현에 성공하면 그 연구 결 과에 대한 신뢰도 커지죠.

재현성은 반복성repeatability과는 다릅니다. 반복성은 동일한 조건 아 래서 나온 결과의 편차를 측정한 것입니다. 다시 말해, 같은 사람이 같은 장소에서 같은 도구를 사용하고, 같은 절차를 따라 단기간 안 에 실험을 반복해서 얻은 결과에 관한 것이죠.

탈진실 Post-truth

증명되지 않은 주장을 반복하며 사실과 전문가 의견에 의문을 제기 하여, 사실과 전문가 의견보다 감정적 호소가 더 중요해지는 현상입 니다. 초기 형태의 탈진실은 17세기에 인쇄술의 발명과 소위 '팸플릿

전쟁pamphlet war'●을 통해 등장했다는 주장이 있습니다. 현대의 탈진실 정치 문화는 이 개념의 부분집합을 이룬다고 할 수 있죠('탈사실 정치학post-factual politics'이라고도 합니다). 탈진실 정치는 20세기 후반과 21세기 초반에 걸쳐 여러 국가에서 등장했고, 전반적으로 인터넷과 소셜미디어를 통해 가속화했습니다. 탈진실 정치에서는 객관적 사실보다는 감정적 호소를 이용한 포퓰리즘 정치 논쟁의 틀이 형성됩니다.

함축적 부정Implicatory denial

'말 그대로의 부정', '해석적 부정'과 함께 정신분석학적 사회학자 스탠리 코언이 기술한 세 가지 형태의 부정 중 하나입니다. 이 경우는 사실 그 자체를 부정하는 것이 아니라, 거기에 담긴 함의나 결론을 부정합니다. 자주 인용되는 사례로 기후변화에 대한 반응이 있습니다. 기후변화가 실제로 일어나고 있고, 심지어 그것이 인간의 활동 때문이라는 것도 인정하지만 그에 따르는 도덕적, 사회적, 경제적, 정치적 함의는 부정해서 행동에 나서야 할 책임이나 필요성을 없애버리는 것이죠.

● 16, 17세기에 유럽에서 발생한 인쇄 매체를 이용한 대립과 충돌을 말합니다. 대립하는 당사자들은 자신의 주장을 광고하고 상대방을 비방하는 팸플릿을 발행해서 대중의 지지를 얻으려 했습니다.

해석적 부정 Interpretive denial

이 경우는 사실 자체는 부정하지 않지만 그 중요성을 깎아내리거나 그 의미를 왜곡하는 방식으로 해석이 이루어집니다. 예를 들어, 기후가 변하고 있다는 것은 부정하지 않지만 그 이유는 기온 상승은 자연적인 태양의 주기 때문이고 온실가스 증가는 기온 상승의 원인이 아니라 결과라 주장합니다.

허위정보 Disinformation

잘못된 정보의 일종으로, 사람들을 속이거나 진실을 호도하기 위해 고의로 퍼뜨리는 것을 말합니다.

확증편향 Confirmation bias

자신이 이미 갖고 있는 생각을 확증해주는 의견이나 신념에만 자신을 노출시키고, 그것을 뒷받침하는 증거만 받아들이는 경향을 말합니다.

참고문헌

· · · · ·

◦ Aaronovitch, David. *Voodoo Histories: The Role of the Conspiracy Theory in Shaping Modern History*. New York: Riverhead Books, 2009. (한국어판: 데이비드 에러너비치 지음, 이정아 옮김, 『음모는 없다!』, 시그마북스, 2012)

◦ Allington, Daniel, Bobby Duffy, Simon Wessely, Nayana Dhavan, and James Rubin. "Health-protective behaviour, social media usage and conspiracy belief during the COVID-19 public health emergency." *Psychological Medicine* 1-7 (2020). https://doi.org/10.1017/S003329172000224X.

◦ Anderson, Craig A. "Abstract and concrete data in the perseverance of social theories: When weak data lead to unshakeable beliefs." *Journal of Experimental Social Psychology* 19, no. 2 (1983): 93-108. https://doi.org/10.1016/0022-1031(83)90031-8.

◦ Bail, Christopher A., Lisa P. Argyle, Taylor W. Brown, John P. Bumpus, Haohan Chen, M. B. Fallin Hunzaker, Jaemin Lee, Marcus Mann, Friedolin Merhout and Alexander Volfovsky. "Exposure to opposing views on social media can increase political polarization." *PNAS* 115, no. 37 (2018): 9216-21. https://doi.org/10.1073/pnas.1804840115.

◦ Baumberg, Jeremy J. *The Secret Life of Science: How It Really Works and Why It Matters*. Princeton, NJ: Princeton University Press, 2018.

◦ Baumeister, Roy F., and Kathleen D. Vohs, eds. *Encyclopedia of Social Psychology*. Thousand Oaks, CA: SAGE Publications, 2007.

◦ Bergstrom, Carl T., and Jevin D. West. *Calling Bullshit: The Art of Scepticism in a Data-Driven World*. London: Penguin, 2021. (한국어판: 칼 벅스트롬, 제빈 웨스트 지음, 박선령 옮김, 『똑똑하게 생존하기』, 안드로메디안, 2021)

◦ Boring, Edwin G. "Cognitive dissonance: Its use in science." *Science* 145, no. 3633 (1964): 680-85. https://doi.org/10.1126/science.145.3633.680.

◦ Boxell, Levi, Matthew Gentzkow, and Jesse M. Shapiro. "Cross-country trends in affective polarization." *NBER Working Paper*, no. w26669 (2020). Available at SSRN: https://ssrn.com/abstract=3522318

◦ _____. "Greater Internet use is not associated with faster growth in political polarization among US demographic groups." *PNAS* 114, no. 40 (2017): 10612-17. https://doi.org/10.1073/pnas.1706588114.

◦ Broughton, Janet. *Descartes's Method of Doubt*. Princeton, NJ: Princeton University Press, 2002. htttp:www.jstor.org/stable/j.ctt7t43f.

◦ Cohen, Morris R., and Ernest Nagel. *An Introduction to Logic and Scientific Method*. London: Routledge & Sons, 1934.

◦ Cohen, Stanley. *States of Denial: Knowing About Atrocities and Suffering*. Cambridge, UK: Polity Press, 2000. (한국어판: 스탠리 코언 지음, 조효제 옮김, 『잔인한 국가 외면하는 대중』, 창비, 2009)

◦ Cooper, Joel. *Cognitive Dissonance: 50 Years of a Classic Theory*. Thousand Oaks, CA: SAGE Publications, 2007.

◦ d'Ancona, Matthew. *Post-Truth: The New War on Truth and How to Fight back*. London: Ebury Publishing, 2017.

◦ Domingos, Pedro. "The role of Occam's razor in knowledge discovery." *Data Mining and Knowledge Discovery* 3 (1999): 409-25. https://doi.org/10.1023/A:1009868929893.

◦ Don A. Moore, "Donald Trump and the irresistibility of overconfidence", *Forbes*, February 17, 2017, https://www.forbes.com/sites/forbesleadershipforum/2017/02/17/donald-trump-and-the-irresistibility-of-overconfidence/?sh=784c50c87b8d.

◦ Donnelly, Jack, and Daniel J. Whelan. *International Human Rights*. 6th ed. New York: Routledge, 2020. (한국어판: 잭 도널리 지음, 박정원 옮김, 『인권과 국제정치』, 오름, 2002)

◦ Douglas, Heather E. *Science, Policy, and the Value-Free Ideal*. Pittsburgh: University of Pittsburgh Press, 2009.

◦ Dunbar, Robin. *The Trouble with Science*. Reprinted. Cambridge, MA: Harvard University Press, 1996.

◦ Dunning, David. *Self-Insight: Roadblocks and Detours on the Path to Knowing Thyself*. Essays in Social Psychology. New York: Psychology Press, 2005.

◦ Festinger, Leon. "Cognitive dissonance." *Scientific American* 207, no. 4 (1962): 93-106. http://www.jstor.org/stable/24936719.

◦ _____. *A Theory of Cognitive Dissonance*. Reprinted. Redwood City, CA: Stanford University Press, 1962. First published 1957 by Row, Peterson & Co. (New York). (한국어판: 레온 페스팅거 지음, 김창대 옮김, 『인지부조화 이론』, 나남, 2016)

◦ Goertzel, Ted. "Belief in conspiracy theories." *Political Psychology* 15, no. 4 (1994): 731-42. www.jstor.org/stable/3791630.

◦ Goldacre, Ben. *I Think You'll Find It's a Bit More Complicated Than That*. London: 4th Estate, 2015.

◦ Harris, Sam. *The Moral Landscape: How Science Can Determine Human Values*. London: Bantam Press, 2011. (한국어판: 샘 해리스 지음, 강명신 옮김, 『신이 절대로 답할 수 없는 몇 가지』, 시공사, 2013)

◦ Head, Megan L., Luke Holman, Rob Lanfear, Andrew T. Kahn, and Michael D. Jennions. "The extent and consequences of p-hacking in science." *PLoS Biology* 13, no. 3 (2015): e1002106. https://doi.org/10.1371/journal.pbio.1002106.

◦ Heine, Steven J., Shinobu Kitayama, Darrin R. Lehman, Toshitake Takata, Eugene Ide, Cecilia Leung, and Hisaya Matsumoto. "Divergent consequences of success and failure in Japan and North America: An investigation of self-improving motivations and malleable selves." *Journal of Personality and Social Psychology* 81, no. 4 (2001): 599-615. https://doi.org/10.1037/0022-3514.81.4.599.

◦ Higgins, Kathleen. "Post-truth: A guide for the perplexed." *Nature* 540 (2016): 9.

https://www.nature.com/news/polopolyfs/1.21054!/menu/main/topColumns/topLeftColumn/pdf/540009a.pdf.

○ Isenberg, Daniel J. "Group polarization: A critical review and meta-analysis." *Journal of Personality and Social Psychology* 50, no. 6 (1986): 1141-51. https://doi.org/10.1037/0022-3514.50.6.1141.

○ Jarry, Jonathan. "The Dunning-Kruger effect Is probably not real." *McGill University Office for Science and Society*, December 17, 2020. https://www.mcgill.ca/oss/article/critical-thinking/dunning-kruger-effect-probably-not-real.

○ Kahneman, Daniel. *Thinking, Fast and Slow*. London: Allen Lane, 2011. Reprint: Penguin, 2012. (한국어판: 대니얼 카너먼 지음, 이창신 옮김, 『생각에 관한 생각』, 김영사, 2018)

○ Klayman, Joshua. "Varieties of confirmation bias." *Psychology of Learning and Motivation* 32 (1995): 385-418. https://doi.org/10.1016/S0079-7421(08)60315-1.

○ Klein, Ezra. *Why We're Polarized*. New York: Simon & Schuster, 2020. (한국어판: 에즈라 클라인 지음, 황성연 옮김, 『우리는 왜 서로를 미워하는가』, 윌북, 2022)

○ Kruger, Justin, and David Dunning. "Unskilled and unaware of it: How difficulties in recognizing one's own incompetence lead to inflated self-assessments." *Journal of Personality and Social Psychology* 77, no. 6 (1999): 1121-34. https://doi.org/10.1037/0022-3514.77.6.1121.

○ Kuhn, Thomas S. *The Structure of Scientific Revolutions*. 50th anniversary ed. Chicago: University of Chicago Press, 2012. (한국어판: 토머스 새뮤얼 쿤 지음, 김명자, 홍성욱 옮김, 『과학혁명의 구조』, 까치, 2013)

○ Lewens, Tim. *The Meaning of Science: An Introduction to the Philosophy of Science*. London: Penguin Press, 2015. (한국어판: 팀 르윈스 지음, 김경숙 옮김, 『과학한다, 고로 철학한다』, Mid, 2016)

○ Ling, Rich. "Confirmation bias in the era of mobile news consumption: The social and psychological dimensions." *Digital Journalism* 8, no. 5 (2020): 596-604.

https://doi.org/10.1080/21670811.2020.1766987.

◦ Lipton, Peter. "Does the truth matter in science?" *Arts and Humanities in Higher Education* 4, no. 2 (2005):173-83. https://doi.org/10.1177/1474022205051965; Royal Society 2004; Medawar Lecture, "The truth about science." *Philosophical Transactions of the Royal Society B* 360, no. 1458 (2005): 1259-69. https://royalsocietypublishing.org/doi/abs/10.1098/rstb.2005.1660.

◦ _____. "Inference to the best explanation." In *A Companion to the Philosophy of Science*, edited by W. H. Newton-Smith, 184-93. Malden, MA: Blackwell, 2000.

◦ MacCoun, Robert, and Saul Perlmutter. "Blind analysis: Hide results to seek the truth." *Nature* 526 (2015): 187-89. https://doi.org/10.1038/526187a.

◦ McGrath, April. "Dealing with dissonance: A review of cognitive dissonance reduction." *Social and Personality Psychology Compass* 11, no. 12 (2017): 1-17. https://doi.org/10.1111/spc3.12362.

◦ McIntyre, Lee. *Post-Truth*. Cambridge, MA: The MIT Press, 2018. (한국어판: 리 매킨타이어 지음, 김재경 옮김, 정준희 해제, 『포스트 트루스』, 두리반, 2019)

◦ Nickerson, Raymond S. "Confirmation bias: A ubiquitous phenomenon in many guises." *Review of General Psychology*. 2, no. 2 (1998): 175-220. https://doi.org/10.1037/1089-2680.2.2.175.

◦ Norgaard, Kari Marie. *Living in Denial: Climate Change, Emotions, and Everyday Life*. Cambridge, MA: The MIT Press, 2011. JSTOR: http://www.jstor.org/stable/j.ctt5hhfvf.

◦ Oreskes, Naomi. *Why Trust Science?* Princeton, NJ: Princeton University Press, 2019.

◦ Pinker, Steven. *The Better Angels of Our Nature: Why ViolenceHas Declined*. New York: Viking Books, 2011. (한국어판: 스티븐 핑커 지음, 김명남 옮김, 정준희 해제, 『우리 본성의 선한 천사』, 사이언스북스, 2014)

◦ Popper, Karl R. *The Logic of Scientific Discovery*. London: Hutchinson

& Co., 1959; London and New York: Routledge, 1992. 원본: *Logik der Forschung: Zur Erkenntnistheorie der modernen Naturwissenschaft.* Vienna: Julius Springer, 1935.

◦ Radnitz, Scott, and Patrick Underwood. "Is belief in conspiracy theories pathological? A survey experiment on the cognitive roots of extreme suspicion." *British Journal of Political Science* 47, no. 1 (2017): 113-29. https://doi. org/10.1017/S0007123414000556.

◦ Ritchie, Stuart. *Science Fictions: Exposing Fraud, Bias, Negligence and Hype in Science.* London: The Bodley Head, 2020. (한국어판: 스튜어트 리치 지음, 김종명 옮김, 정준희 해제, 『사이언스 픽션』, 더난출판사, 2022)

◦ Sagan, Carl. *The Demon-Haunted World: Science as a Candle in the Dark.* New York: Random House, 1995.Reprint, New York: Paw Prints, 2008. (한국어 판: 칼 세이건 지음, 이상헌 옮김, 정준희 해제, 『악령이 출몰하는 세상』, 사이언스북스, 2022)

◦ Scheufele, Dietram A., and Nicole M. Krause. "Science audiences, misinformation, and fake news." *PNAS* 116, no. 16 (2019): 7662-69. https://doi.org/10.1073/ pnas.1805871115.

◦ Schmidt, Paul F. "Some criticisms of cultural relativism." *The Journal of Philosophy* 52, no. 25 (1955): 780-91. https://www.jstor.org/stable/2022285.

◦ Tressoldi Patrizio E. "Extraordinary claims require extraordinary evidence: The case of non-local perception, a classical and Bayesian review of evidences." *Frontiers in Psychology* 2 (2011): 117. https://www.frontiersin.org/articles/10.3389/ fpsyg.2011.00117/full.

◦ Vickers, John. "The problem of induction." The Stanford Encyclopaedia of Philosophy, Spring 2018. https://plato.stanford.edu/entries/induction-problem/.

◦ Zagury-Orly, Ivry, and Richard M. Schwartzstein. "Covid-19—reminder to reason." *New England Journal of Medicine* 383 (2020): e12. https://doi. org/10.1056/NEJMp 2009405.

더 읽을거리

· · · · ·

다음은 이 책의 주제를 확장해주는 과학 서적의 목록입니다.

짐 알칼릴리Jim Al-Khalili, 『The World According to Physics』(Princeton University Press, 2020). 한국어판은 『어떻게 물리학을 사랑하지 않을 수 있을까?: 이 세상을 이해하는 가장 정확한 관점』(월북, 2022).

크리스 베일Chris Bail, 『Breaking the Social Media Prism: How to Make Our Platforms Less Polarizing』(Princeton University Press, 2021). 한국어판은 『소셜 미디어 프리즘』(상상스퀘어, 2023).

제러미 J. 바움버그Jeremy J. Baumberg, 『The Secret Life of Science: How It Really Works and Why It Matters』(Princeton University Press, 2018)

칼 벅스트롬Carl Bergstrom, 제빈 웨스트Jevin West, 『Calling Bullshit: The Art of Scepticism in a Data-Driven World (Penguin, 2021). 한국어판은 『똑똑하게 생존하기: 거짓과 기만 속에서 살아가는 현대인을 위한 헛소리 까발리기의 기술』(안드로메디안, 2021).

리처드 도킨스Richard Dawkins, 『Unweaving the Rainbow: Science, Delusion and the Appetite for Wonder (Allen Lane, 1998). 한국어판은 『무지개를 풀며: 리처드 도킨스가 선사하는 세상 모든 과학의 경이로움』(바다출판사, 2015).

로빈 던바Robin Dunbar, 『The Trouble with Science』(Harvard University Press, 1996)

에이브러햄 플렉스너Abraham Flexner, 로버트 데이크흐라프Robert Dijkgraaf, 『The Usefulness of Useless Knowledge』(Princeton University Press, 2017). 한국어판은 『쓸모없는 지식의 쓸모: 세상을 바꾼 과학자들의 순수학문 예찬』(책세상, 2020).

벤 골드에이커Ben Goldacre, 『I Think You'll Find It's a Bit More Complicated Than That』(4th Estate, 2015)

샘 해리스Sam Harris, 『The Moral Landscape: How Science Can Determine Human Values』(Bantam Press, 2011). 한국어판은 『신이 절대로 답할 수 없는 몇 가지: 악의 시대, 도덕을 말하다』(시공사, 2013).

로빈 인스Robin Ince, 『The Importance of Being Interested: Adventures in Scientific Curiosity』(Atlantic Books, 2021)

대니얼 카너먼Daniel Kahneman, 『Thinking, Fast and Slow』(Penguin, 2012). 한국어 판은 『생각에 관한 생각: 우리의 행동을 지배하는 생각의 반란!』(김영사, 2018).

팀 르윈스Tim Lewens, 『The Meaning of Science: An Introduction to the Philosophy of Science』(Penguin Press, 2015). 한국어판은 『과학한다, 고로 철학한다: 무엇이 과학인가』(Mid, 2016).

나오미 오레스케스Naomi Oreskes, 『Why Trust Science?』(Princeton University Press, 2019)

스티븐 핑커Steven Pinker, 『Enlightenment Now: The Case for Reason, Science, Humanism, and Progress』(Penguin, 2018). 한국어판은 『지금 다시 계몽: 이성, 과학, 휴머니즘, 그리고 진보를 말하다』(사이언스북스, 2021).

스티븐 핑커, 『Rationality: What It Is, Why It Seems Scarce, Why It Matters』(Allen Lane, 2021)

스튜어트 리치Stuart Ritchie, 『Science Fictions: Exposing Fraud, Bias, Negligence and Hype in Science (Bodley Head, 2020). 한국어판은 『사이언스 픽션: 과학은 어

떻게 추락하는가』(더난출판사, 2022).

칼 세이건Carl Sagan, 『The Demon-Haunted World: Science as a Candle in the Dark』(Paw Prints, 2008). 한국어판은 『악령이 출몰하는 세상: 과학, 어둠 속의 촛불』(사이언스북스, 2022).

윌 스토Will Storr, 『The Unpersuadables: Adventures with the Enemies of Science』(Overlook Press, 2014).

찾아보기
• • • • •

ㅊ~ㅋ

ㅌ~ㅎ

그 외

지은이

짐 알칼릴리Jim Al-Khalili

서리대학교 이론물리학 교수이자 영국에서 가장 유명한 과학 커뮤니케이터. BBC 텔레비전과 라디오에서 과학 프로그램을 진행하며 과학자들을 만나고, 그들의 이론과 생각을 대중에게 전달하는 데 노력해왔다.

세상과 소통하는 물리학자인 그는 뉴욕타임스 베스트셀러인 『어떻게 물리학을 사랑하지 않을 수 있을까?』로 물리학의 아름다움을 전했다.

과학 커뮤니케이션에 기여한 공로로 2007년에는 왕립협회의 마이클 패러데이 메달을, 2011년에는 영국 물리학회에서 주는 켈빈 메달을 받았고, 2016년에는 대중과 과학의 소통을 진전시킨 공로자에게 수여하는 스티븐 호킹 메달Stephan Hawking medal의 초대 수상자로 선정됐다. 왕립협회회원이며 잉글랜드 사우스시Southsea에 살고 있다.

옮긴이

김성훈

치과 의사의 길을 걷다가 번역의 길로 방향을 튼 엉뚱한 번역가. 중학생 시절부터 과학에 대해 궁금증이 생길 때마다 틈틈이 적어온 과학 노트가 지금까지도 보물 1호이며, 번역으로 과학의 매력을 더 많은 사람과 나누기를 꿈꾼다. 현재 바른번역 소속 번역가로 활동하고 있다. 『어떻게 물리학을 사랑하지 않을 수 있을까?』, 『아인슈타인의 주사위와 슈뢰딩거의 고양이』, 『동물들처럼』 등을 우리말로 옮겼으며, 『늙어감의 기술』로 제36회 한국과학기술도서상 번역상을 수상하였다.

과학의 기쁨

세상을 구할 과학자의
8가지 생각법

펴낸날 초판 1쇄 2023년 9월 20일
지은이 짐 알칼릴리
옮긴이 김성훈
펴낸이 이주애, 홍영완
편집장 최혜리
편집1팀 양혜영, 김하영, 김혜원
편집 박효주, 장종철, 문주영, 강민우, 홍은비, 이정미, 이소연
디자인 기조숙, 박아형, 김주연, 윤소정
마케팅 김태윤, 김철, 정혜인, 김준영
해외기획 정미현
경영지원 박소현
도움교정 유지현
펴낸곳 (주)윌북 출판등록 제 2006-000017호
주소 10881 경기도 파주시 광인사길 217
전화 031-955-3777 팩스 031-955-3778
홈페이지 willbookspub.com
블로그 blog.naver.com/willbooks 포스트 post.naver.com/willbooks
트위터 @onwillbooks 인스타그램 @willbooks_pub

ISBN 979-11-5581-644-8 (03400)